U0096520

人工智能的第一性原理

熵與訊息引擎

周輝龍／著

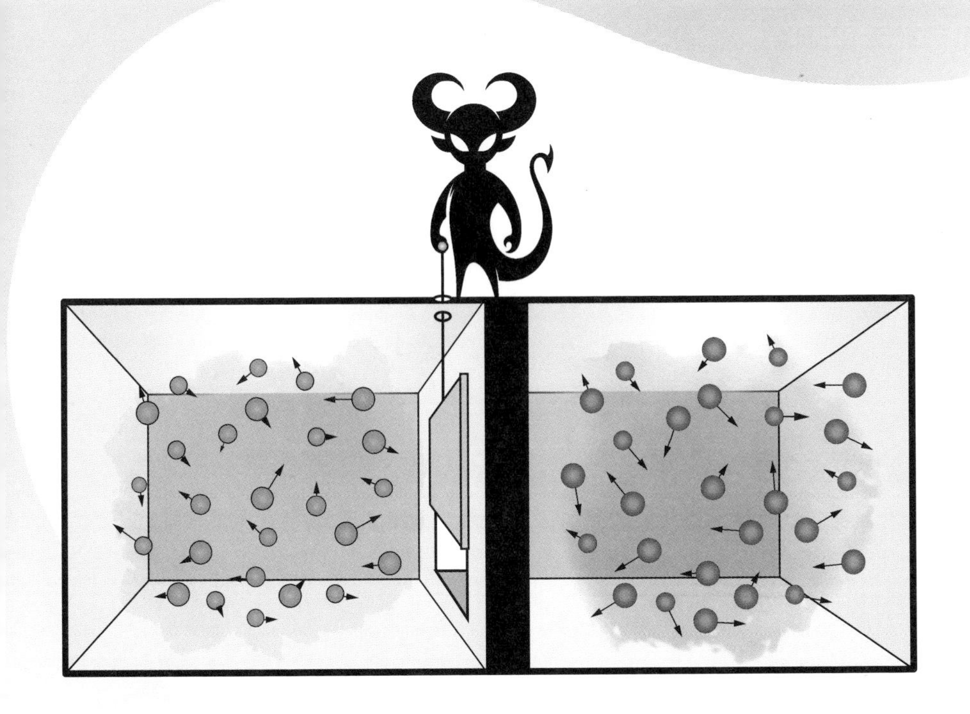

目錄

第一部　秩序建構的訊息理論

第二部　智能的原理

第三部　有生命的智能

第四部　GPT 的矛盾與化解

第五部　GPT 世界的未來

前言

前言

人工智能是人所創生非人的智能，當我們探究人工智能的第一性原理，實際上是在探尋，智能的定義，人如何創生智能，以及人如何透過智能，將抽象不受規範非具體的存在，轉化為具體存在的實體，以揭示萬物創生、無中生有的根本道理。

人的存在價值在思考的創生

笛卡爾的名言「我思故我在」不僅提出了一種深刻的哲學觀點，更突顯了人類思考能力對於我們存在價值的重要性。然而，當我們面臨比人類更強大的思考能力，例如先進的人工智能時，人類的存在價值是否就會相對降低？這是一個深具挑戰性的問題。

傳統上，人被視為萬物之靈，主要是因為我們的思考能力超越其他生物。這種能力使我們能夠獲取必要的資源、建立文明秩序並掌握自然變化。但是，若人工智能的思考能力達到甚至超越人類，那人存在的價值又將何在？這是一個重要的時代課題。

當 GPT 等人工智能系統能以更快速、全面的方式回答問題時，我們面臨的是其智能是真正的超越還是僅僅只是表象？通常，人對於未知事物的恐懼是源自對其本質、因果關係和作用限制的不理解。因此，要解開這一迷思，我們不僅需要深入理解 GPT 的運作原理，更需探討人的思考如何應用智能建構秩序和解決問題的基本原理。

人類的理性邊界在那裡？人的意識從何而來？GPT 是否具有與人一樣的意識，它是否能夠意識到自己的存在？思考象徵著一種意識的能力，這種意識的能力與智能似乎存在著某種差異。在我們的意識中，我們看不到知識智能的存在，但在思考的過程中，我們的意識卻接收到源源不斷知識的訊息，這些訊息從何而來？這些訊息似乎與我們的自身過往的生活經驗和學習成長的環境有關，然而這些訊息如何進入我們的大腦，又如何從我們的大腦流入我們的意識中？當我們向 GPT 提問，它所回答的訊息又進入我們的意識，並影響我們的思考，GPT 的運作機制似乎類似人腦的智能運作方式，而這兩者之間的智能又存在何種差異？

這些問題不僅需要對人工智能技術有深入了解，更需要對人類思維、意識和智能的本質有更全面的認識。

人工智能的思想邊界與第一性原理

思想的極限即是問題無法逾越的邊界。這並非迷路，而是路已到盡頭，思想無法再進一步的探究未知，因此需要回到了思考的起點，也就是對存在事物做第一性原理的探究。對於人工智能，我們要問的問題是，它在那些問題上讓我們遭遇思想的邊界，使我們陷入思考的死胡同，促使我們將思想歸零，去探究其存在更根本的原理。

對於人工智能的發展，其本質在於智能。然而，智能究竟是什麼？它的作用如何？它與人的意識和心靈有何關聯？心智是否各自獨立，或是心智是合一的？這些都是我們遇到的思考難題。

這思想邊界也讓我們難以對下的問題做回答。GPT 人工智能的發展，是人類滅世的浩劫，還是可望加速人類社會的進步？GPT 會創造更多的財富，還是導致更多的失業？GPT 是否會取代人勞動的價值，讓人更悲苦；還是讓人釋放出更多的勞動時間，讓人更幸福？

智能的工具與理論

就現有的人工智能而言，它是一種可以應用的工具，但如何產生智能的原理仍是未知。而在熱力學歷史的發展經驗中也曾面臨相同的情況，也是先有熱機引擎工具的發明和應用，之後才有卡諾循環原理對熱機引擎效率的推導。

而在熱機引擎的發展過程中，當其遇到效率極限的問題時，如果不了解其基本原理，就無法將熱機引擎的潛能發揮到極致，導致大量熱能的浪費。人工智能的發展也是一樣，若人們投入大量心力和運算資源，卻無法提升智能使用效率，產生真正秩序建構的效用，這對人類文明的進展便是一種限制。因此，我們迫切需要了解這些智能運作背後的原理，以便了解其極限，並提升其使用效率。

智能使用效率的關鍵在於智能存在的作用目的是什麼？如果人類的存在是一種秩序的建構，而使用智能的目的在建構秩序，那麼對於智能效率的最終問題是，如何利用智能，以最少的心力和資源耗損，來建構最大外在世界的秩序。

對此，我們需強調，雖然思考需要智能的知識能力，但這只是解決問題的一部分。因爲問題是人提出的，單獨的人工智能若沒有人的介入，則人工智能仍無法眞正產生解決問題的作用。

因此，對人工智能的基本原理進行探討，實際上是一種包括人意識思維的全方位考量，而不僅是針對智能這項技術本身。

思維的耗散結構機制

耗散結構是開放系統，在遠離平衡狀態下自我組織形成有序結構的過程。在大自然，耗散結構是秩序建構的原理，生命的秩序是耗散結構作用的體現。然而文明世界秩序的建構是依靠人訊息處理的思維能力所建構。那麼，我們是否可以認爲思維本身也是一種耗散結構的運作機制？具有耗散結構特性的思維方式又具備什麼樣的思考模式？是否所有能夠建構秩序的思維方法都具備有耗散結構機制的特性？一種有效的思維方式又如何能夠達到耗散結構機制的要求？

在物理世界中，我們觀察到的是實體訊號的運作，而在人的思維層面，則是抽象訊息的處理。因此，這個世界有物理訊號處理的耗散結構，也有人訊息處理的耗散結構。人的思維是做訊息的處理，以建構秩序，人思維建構秩序的耗散結構才是人的智能，而能夠模擬人訊息處理建構秩序的耗散結構，才是能夠與人類智能對等的人工智能。因此，人工智能的第一性原理，必然是與人的思考是如何做秩序建構的耗散結構原理相關。

思考是利用大腦的智能來處理問題，而思考的效能則描繪了人思考投入的心力與建構外在秩序之間的關係。一個良好的思考效能，即在處理問題時，能以少的心力建構高的秩序度。在耗散結構的機制下，那些條件將使思維方式具有高效能？這個效能又與那些因素有關？

此外，企業與個人的思維能力該如何建立，以及 GPT 的導入將對人思維建構秩序的方式產生何種影響。這些都是值得我們深入探究的問題。

智能與思維能力的對應

思考的本質在於探尋解決問題的方法，而智能的作用則在於提供其問題的答案。一個高度的智能代表著能迅速地提供解決複雜問題的答案。而人工智能是人大腦智能之外的一種智能的產生機制，能對各種問題以極快的速度找到相對應的答案。我們可能需要花費半天或數小時來撰寫一篇文稿，而撰寫出來的文案可能並不那麼流暢且精簡。然而，對於最新的 GPT 人工智能來說，只需給定內容需求的邊界條件，即可在極短的時間內生成一篇流暢且完善的文章，其內容結構明朗，語言精簡易理解。

從反應時間和內容價值的角度來看，能在短時間內建構大量文字實體的秩序，是高度智能的體現。然而，當這個世界存在一種能與人類相抗衡的智能時，我們該如何去因應？

人類對外星文明的恐懼

人類對於外星生命的存在一直抱持著恐懼之情，這源自於人類自身生存意識的本能反應。若外星生物的智能超越人類，那麼，人類可能面臨被外星人給滅絕的危險，這種恐懼是其來有自的。

在人類社會的發展歷程中，一個種族或國家的繁榮與否與其文明的發展程度有著深刻的關聯。高等文明去取代低等文明，而這種取代過程有時候是非常慘烈的。因此，若真有外星生命存在，且其文明進步程度遠超地球文明，那麼人類對於自身文明被這外星文明所取代的恐懼心情是可以理解的。

人對於人工智能的恐懼

如今，人類對於外星生命的恐懼已經在人工智能領域得到了一種類比的體現。文明的發展與訊息處理能力息息相關，當我們發現存在一種非人類的智能，即人工智能，其訊息處理能力超越了人類，這無疑引發了人深層次的擔憂。根據歷史上文明的更迭經驗，人類擔心自己的未來可能會被這種超越人類智能的人工智能所取代。面對這種內在的恐懼，人類該如何應對？

當然，GPT 的人工智能技術是由人類自己開發的，理論上它的發展應該受到人類的控制。然而，掌握著人工智能發展的是一群科學家，人工智能未來的發展方向對大多數人來說仍屬未知。當人們意識到自己的命運可能被這些科學家所掌控時，這本身也成爲了一種新的恐懼來源。這種對未知的恐懼和對控制權失去的憂慮，共同構成了當前社會對於人工智能發展的疑慮和焦慮。

釐清關係，對應變局

對於這種情況，我們需要找到改變現狀的方式。若人能成爲人工智能的主宰者，而非受其所限，那麼對於人工智能的恐懼就能得到緩解。而要達到這個目標，關鍵在於人對於自身思維建構秩序原理，以及對人工智能的智能作用要有深入的理解，這樣才能揭示人和人工智能之間眞實的關係。當這種關係得到明確的解析和認知後，人才會知道如何適應這樣的變局。

人類被機器給異化

人類曾經有過被機械取代的歷史經驗。在第一次工業革命中，蒸汽機的發明使得人類能夠透過機械化生產提升生產力。

而在當時，人的生產能力主要依靠人的勞動力。因此，當出現一種能大幅超越人類勞動力的機械時，人便憂慮自己的勞動價值會被機器替代，進而對其生存造成威脅，也將導致社會的混亂。

如今，我們正面對與當時相似的情況，但換成是在智能領域。智能已經成爲當代人類主要的生產力來源，如果有一種人工智能的智能水平遠超過人類，那麼人類將再度面臨被替代的恐慌。畢竟，生產力是人賺取報酬的主要途徑，人一旦失去收入，生存將面臨威脅。這種威脅可能引發社會的動盪。

因此，我們有必要釐清人與人工智能之間的關係，以及確定雙方的角色和責任。如果人的存在受到自我創造智能機器的制約，這將導致人的自我異化，人會感到異化所帶來巨大的痛苦。

人靠教育去改變被機器制約的事實

在工業革命後，人類透過教育的改革來解除自身被機器制約的現狀。其中一項重大的改變就是開始學習如何操作與創造機器的專業知識，例如機械工程、電機工程、化學工程等領域的科學知識便是在這種環境下發展出來的。一旦掌握了這些專業知識，人便能理解機器的運作原理，並利用這些專業知識創造新的機器，成爲機器的主人，而不再受機器的制約。因此，人透過教育的方式，改變了自身被機器制約的現實。

當前的教育體系確實仍然以分科專業的智能教育爲主，人們通過學習專業知識來引領人類文明的發展。然而，對於像GPT 這樣的人工智能而言，它已能掌握廣泛的專業知識，人們面對專業問題時直接求助於 GPT 的智能機器，而非其他人。如果智能機器問題回答的精確性超過人，那麼人專業知識的價值會降低，這可能進一步影響到人對自我價值的認知。當人對自身價值感到困惑時，可能會對人的存在意義產生影響，進而引發社會問題。

如果我們能預見到人工智能超越人類智能的趨勢，那麼或許我們可以通過改變現有的教育模式，尋求一種新的教育思維以改變目前人受制於機器智能的局面。讓智能機器成爲人類可使用的工具，而非主宰我們命運的存在。

平和移轉智能的變革

工業革命之後，人類掌握了機器運作的原理，從而大幅提升了生產效率，這極大地提高了人類的生產力。而在人工智能的時代，如果能夠有效利用人工智能的智能，人類的生產力又將經歷一次的巨大飛躍，成爲人類發展歷程中另一個重要的轉折點。

然而，我們希望這次生產力的提升不會像過去的工業革命那樣引發大規模的社會動盪或戰爭，而是能以更和平的方式實現變革。爲此，我們需要深入了解人類思考和處理訊息的原理，探尋人類與人工智能訊息處理方式的融合途徑，並及時制定合適的應對策略，確保這一變革過程能夠平穩且有序地進行。

以客觀的思維知識統整人工智能

自古以來，對於人的思維如何建構秩序的原理，我們始終缺乏客觀的理解。換句話說，我們對思維的理解大多基於個人的主觀經驗，而非客觀的科學。科學與經驗之間的差異在於科學的客觀性和經驗的主觀性。客觀性指的是被普遍接受的知識，而主觀經驗則因個人的不同背景而有所差異。

一個人的經驗可能並不適用於另一個人。因此，基於經驗的主觀認知往往無法普遍適用。要將這種主觀的思維經驗轉化爲客觀的思維科學，我們必須提出新的概念，將這些概念進行實際的應用和驗證，從而形成有用的客觀知識。面對如 GPT 這樣人工智能挑戰，我們需要將其智能納入人類思維的範疇，通過整體性的思維方法來解決問題。因此，建立客觀的思維知識變得至爲重要。

一旦人類掌握了這種客觀的思維知識和方法，人與人工智能之間的關係將能被清晰地界定，進而能更有效地利用人工智能。人工智能做爲一種工具，與人類的思維相結合後，人類將會進化成爲更具智慧的生命體而能突破地球生態系統的限制，朝向更廣闊的宇宙發展，成爲宇宙中的高等文明。

閱讀引導

人工智能第一性原理探究的目的，是在建構一個自洽的語言體系，從最基本的訊息原理出發，對現有的人工智能現象做解釋，和對其未來的可能發展做出預測。

這本書共分五大部分：

- **秩序建構的訊息理論**：熵是秩序的度量，這部分將討論訊息處理的熱力學第二定律和熵的概念，訊息引擎和耗散結構秩序建構的原理，以及它們與人之間心物的作用關係。
- **智能的原理**：智能是人工智能最基本的性質，這部分將對智能的廣義和狹義做出定義，探究智能如何而來，智能如何產生作用的基本原理，給出智能度量的公式，並建構智能的傳導理論。
- **有生命的智能**：有生命的智能是能夠成長的智能，這部分將探究人工智能的如何和人的意識心靈融合，成爲有生命的智能，以及理性辯證法如何是心智融合可用的方法。
- **人與 GPT 的矛盾與化解**：GPT 的存在將使人必須面對非人的智能，這部分將討論人與人工智能之間的矛盾關係，以及人工智能認識論、人的理性對於 GPT 主觀性的制約、人的角色轉換等解決矛盾的方法。
- **GPT 世界的未來**：GPT 的存在將對人類世界的未來造成改變，這部分將討論 GPT 人工智能的發展對於世界未來的教育，資本市場，產業分工關係，企業的演化，和市場經濟會產生什麼樣的影響，以及如何去做適應和改變。

第一部

秩序建構的訊息理論

1
熱力學第二定律與訊息引擎

馬克士威妖是一個經典的思想實驗，其目的在於探討熱力學第二定律熵增思想的邊界。這個所謂的「妖」被想像成一個能夠觀察單個分子運動的作用體，他能夠根據分子的速度選擇性地開啓或關閉閘門，從而使一個封閉容器中的氣體達到低熵狀態。熵減是秩序建構的過程，使系統從無秩序狀態轉變爲有秩序狀態。馬克士威妖達成的熵減結果是其智能的體現，因此，與馬克士威妖相關的熱力學第二定律知識是我們對人類智能認識的良好開端。

熵與熱力學第二定律

查理斯・佩西・史諾是提倡「兩種文化」觀點的著名學者，他認爲科學和人文兩個領域的學子都應該要理解熱力學第二定律。他說，一個受過良好教育的人，如果對這一定律一無所知，那就好像從未讀過莎士比亞一樣，是可笑的。也就是說，眞正有知識文化的人應該既讀過莎士比亞，也知道熱力學第二定律。

熱力學第二定律是物理學的一個基石，它描述了自然界中熱能和溫度傳遞的規律。這一定律指出，封閉環境內的系統，隨著時間的經過，總是朝著熵增加的方向發展。熵是一種衡量系統混亂程度的量，熵越大，混亂程度就越高。也就是在自然的情況下，系統總是從秩序趨向於混亂。

在更廣泛的層面上，思考本質是訊息的處理，而訊息的不確定性也是熵的一種形式，使得訊息處理的效率也會受到熱力學第二定律的規範。而當一個答案訊息改變了問題訊息熵的狀態，這意味著我們對該問題的訊息狀態變得更加明確，這被認爲是答案中智能的作用。

熱力學第二定律在人工智能中起到了規範和指導的作用，不僅能提升了我們在訊息處理上的效率，也深化了我們對智能可能性和侷限性的認識。因此，理解熱力學第二定律和其中「熵」的概念，就成爲我們對人工智能第一性原理探究的開始。

熱機引擎的濫觴，蒸汽機

熱力學第二定律發明的緣由和熱機引擎有關，而我們所要推演的訊息處理機制和熱機引擎作用機制有類比性。因此在理解訊息處理的原理之前，理解熱力學第二定律和理解熱機引擎循環的作用原理有其必要性。

大部分的人在小時候都會聽過瓦特發明蒸汽機的故事，說瓦特因爲看到燒開水的水壺蓋子被蒸氣掀起，因此得到靈感而發明蒸汽機。但這樣的說法不是歷史的實情。蒸汽機早就有人發明了，瓦特只是「做了一個改良的動作」。不過這個改良卻造成很大的差別，爲工業革命揭開了序幕。

在瓦特當時，紐科門蒸汽機已經問世了五十年，但除了替礦坑抽水之外別無用途。瓦特研究後發現它的致命缺陷：蒸氣進入汽缸將活塞往上推後，必須等蒸氣自然冷卻，活塞才會往下掉，再繼續循環。如此不但活塞動作間斷且緩慢，蒸氣熱能有四分之三都浪費掉了。瓦特花了兩年時間才想出解決之道：另建一個獨立的冷凝器與汽缸連接，活塞因重力往下掉時，可以將蒸汽排往冷凝器，如此可以讓汽缸始終是熱的，活塞就能不間斷地上下運動。

瓦特蒸汽機發明的重要性是難以估量的。它被廣泛地應用在工廠，幾乎成爲所有機器的動力，改變了人們的工作生產方式，極大地推動了技術進步並拉開了工業革命的序幕。它使得工廠的選址不必再依賴於煤礦產區，而可以建立在更經濟更有效的地方，也不必依賴於水能，從而能常年地運轉，這進一步促進了規模化經濟的發展，大大提高了生產率的同時，也使得商業投資更有效率。(【科學史上的今天】——瓦特誕辰)

十八世紀末和十九世紀初，雖然蒸汽機的使用已經相當廣泛，但效率卻很低，只有 3%到 5%左右；也就是說，95%的熱量都被浪費掉了。在生產需要的推動下，人們希望提高熱機引擎的效率，但關於控制蒸汽機把熱轉變爲機械運動的各種因素的理論卻未形成。他們想了很多方法，比如減少機械零件的摩擦和熱的損失等，但都成效甚微，因此亟需去對熱機引擎運轉效率做原理上的探究。

卡諾循環

瓦特 1776 年成功造出第一台可商業運轉的新型蒸汽機，而直到 1824 年才由法國人薩迪．卡諾於提出卡諾循環，使用在一個假想的卡諾熱機上，來找出熱機引擎最大工作效率的一般性原理。

卡諾（S．Carnot，1796—1832）在 1824 年發表了《關於火的動力的思考》一書，該書集結了他早期的研究成果。他的研究目標是找出影響熱機效率的不完善因素，並提出若要提高熱機效率，需滿足那些從熱機中獲得動力的基本條件。爲了達到這個目標，卡諾嚴謹地分析了蒸汽機的基本構造和工作原理，並選擇忽略所有次要因素，從一個理想的循環模型出發。他以這個模型來提出一個普遍理論，解釋如何從消耗熱能中獲取機械功。

卡諾的理論指出，有效的熱機需要在高溫和低溫熱源之間操作。他總結道：「只要存在溫度差，就能產生動力；相對地，任何能消耗這種動力的地方都會產生溫度差，並有可能破壞熱平衡。」

他結合了加熱器與冷凝器，進一步構想了一個理想循環，這個循環包括了兩個等溫過程和兩個絕熱過程。在這個循環中，汽缸與加熱器相連，汽缸內飽和水蒸汽的溫度與加熱器相同，蒸汽在整個過程中緩慢膨脹以維持熱平衡，這是等溫膨脹過程。接著使汽缸與加熱器隔絕，進行絕熱膨脹，直至蒸汽溫度與冷凝器溫度相同。然後活塞緩慢壓縮蒸汽，做等溫壓縮。經過一段時間後汽缸與冷凝器脫離，最後做絕熱壓縮直到回復原來的狀態。這就是後來被稱爲「卡諾循環」的過程。（百度百科 卡諾循環）

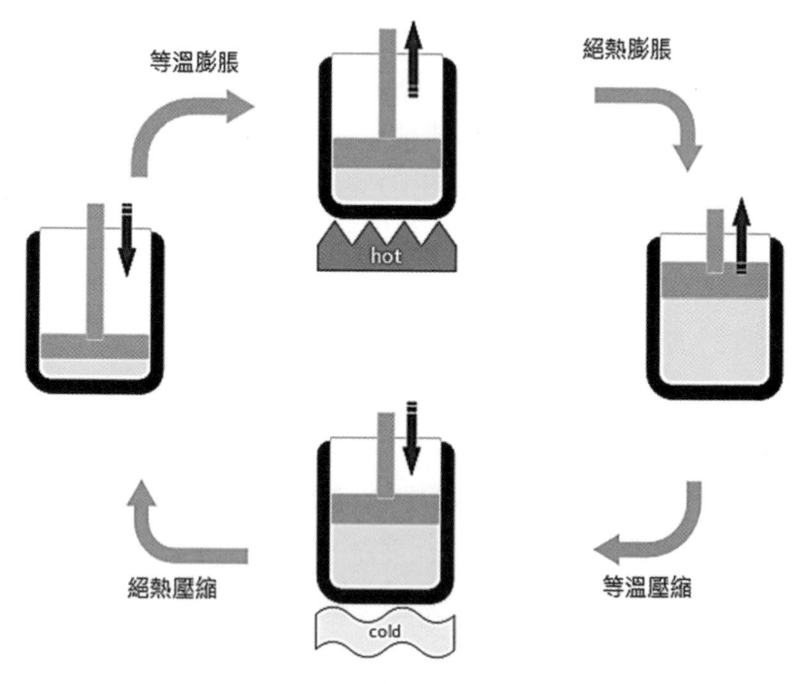

圖 1.，熱機引擎卡諾循環圖

熱機引擎循環結果，它所輸出機械功（W）和投入熱能（Q）

之間的比值，就是熱機引擎的效率，取決於高溫狀態的溫度 T_1 與低溫狀態的溫度 T_2，亦可寫爲從環境中吸收的熱量 Q_1 和放出的熱量 Q_2 之關係。如此，卡諾循環熱機引擎的效率可以表示爲：

$$E = \frac{W}{Q} = \frac{Q_1 - Q_2}{Q_1} = \frac{T_1 - T_2}{T_1} = 1 - \frac{T_2}{T_1}$$

熱機引擎是投入熱能，轉換出機械功的運轉機制。而理想熱機卡諾循環的運轉效率只和高溫熱庫和低溫熱庫之間的溫差有關。如此，要提高熱機引擎的運轉率，既然一般環境低溫熱庫的溫度很難降低，那就從提升高溫熱庫的溫度著手。因此，在此之後，熱機引擎就朝向能耐受更高溫度操作的方向發展。

卡諾循環與熱力學第二的的定律

1824 年，法國工程師薩迪·卡諾提出了卡諾定理。德國人克勞修斯（Rudolph Clausius）和英國人開爾文（Lord Kelvin）在重新審查了卡諾定理，意識到卡諾定理必須依據一個新的定理，即熱力學第二定律。

英國物理學家開爾文在研究卡諾和焦耳的工作時，發現了某種不和諧：按照能量守恆定律，熱和功應該是等價的，可是按照卡諾的理論，熱和功並不是完全相同的，因爲功可以完全變成熱而不需要任何條件，而熱產生功卻必須伴隨有熱向冷的耗散。同時代的克勞修斯也認眞研究了這些問題，他敏銳地看到不和諧存在於卡諾理論的內部。他指出卡諾理論中關於熱產生功必須伴隨著熱向冷的傳遞的結論是正確的，而熱的量（即熱質）不發生變化則是不對的。克勞修斯在 1850 年發表的論文中提出，在熱的理論中，除了能量守恆定律以外，還必須補充另外一條基本定律：「沒有某種動力的消耗或其他變化，不可能使熱從低溫轉移到高溫。」這條定律後來被稱作熱力學第二定律。（百度百科 熱力學第二定律）

有人曾計算過，地球表面有 10 億立方千米的海水，以海水作單一熱源，若把海水的溫度那怕只降低 0.25 度，放出熱量，將能變成一千萬億度的電能，足夠全世界使用一千年。但因爲只用海洋做爲單一熱源的熱機是違反了熱力學第二定律所表述，不能從單一熱源取出熱使之完全轉變爲機械功而不引起任何變化，因此想從海洋直接取出熱量而轉換爲機械功是不可能的。（百度百科 熱力學第二定律）

熵

熱力學第二定律是熱力學中的一個基礎原理，它在不同的情境下有多種表述方式。其中一個引出了「熵（S）」這個物理量，由克勞修斯（Clausius）在研究卡諾循環（Carnot cycle）的過程中提出。在研究過程中，克勞修斯發現一個特殊的物理量，即熱量（Q）與溫度（T）的比值，對於卡諾循環有著重要的意義。他根據卡諾循環效率的公式，提出了以下等式：

$$Q_2 / T_2 + Q_1 / T_1 = 0$$

。這個等式表明，在一個卡諾循環中， Q / T 的總和會保持爲零。由此，克勞修斯定義了一個新的狀態函數，即熵（S），其表達式 $S= Q / T$，或其增量形式 $dS= dQ / T$。

克勞修斯進一步發現，這個狀態函數熵（S）可以用數學來描述熱力學第二定律。對於一個孤立系統，如果它經過一個可逆的循環並返回其初始狀態，那麼 $dS=0$。對於一個不可逆的循環，則有 $dS>0$。這意味著，在一個孤立系統中，熵（S）的數值只可能增加或保持不變，不會減少。因此，熱力學第二定律也可以用一個簡單的不等式來表述：$dS\geq0$。

這樣的表述不僅簡化了對熱力學過程的理解，也爲後來的研究提供了一個有力的數學工具。熵這一概念後來不僅用於描述能量轉換的過程，也被廣泛應用於其他領域，如信息理論、生物學、化學等。

熵增原理

依據熱力學第二定律，對於與外界既無能量交換又無物質交換的孤立系統，或者是絕熱系統，流入流出的能量等於零，而其熵值必然大於或等於零，這就是熱力學第二定律的熵增原理。該原理表明，在一個孤立或絕熱的系統中，系統的熵值不可能減少，對於不可逆的過程，熵值總是增加的。換言之，孤立系統或絕熱系統中的一切不可逆的過程，都會朝著熵值增加的方向演化，直到熵值達到最大爲止。

玻爾茲曼熵，熵的微觀表述

熱力學熵增的宏觀現象是否能透過微觀粒子的動力學理論來解釋呢？這方面的研究代表人物就是奧地利物理學家愛德華·玻爾茲曼（Boltzmann，1844 年－1906 年）。

玻爾茲曼透過統計物理的角度，對熵進行了深入的研究。他的墓碑上並沒有任何碑文，僅鑿刻著玻爾茲曼熵的計算公式：

$$S = k_B \ln W$$

。其中，k_B 是玻爾茲曼常數，而對數函數 ln 中的 W 代表氣體粒子微觀狀態數，該數字表示宏觀狀態中所包含的微觀狀態數量，描述了熵的宏觀與氣體粒子微觀之間的關係。以上述的玻爾茲曼熵公式，我們可以解釋「粒子數量越多，熵越高」的道理。因爲粒子數越多，包含的微觀狀態數 W 就越大。系統的微觀狀態數目越多，說明系統內部的運動越豐富、越多樣，越混亂無序，熵值越大。反之，系統的微觀狀態越少，系統內部運動趨於單一，越有序。在極端情況下，如果系統只有一個微觀運動狀態，即 W＝1，其熵值就爲零。

從分子運動的角度來看，機械功的產生是由大量分子的有規則運動所致，例如氣體分子由高溫向低溫方向運動。而熱運動則是由大量分子的無規則運動產生的。顯然，無規則運動變爲有規則運動的機率極小，這表示熵的減少；而有規則的運動變成無規則運動的機率大，這表示熵的增加。對於一個不受外界影響的孤立系統，其內部自發的過程總是由機率小的狀態向機率大的狀態進行，符合熱力學第二定律的熵增原理。因此，熱能不可能自發地變成機械功。

馬克士威妖的思想實驗

當熱力學第二定律的熵從宏觀的熱傳導特性，轉變爲用微觀統計力學的方式來描述時，熵的概念就從熱力學領域擴展到了訊息領域。

訊息與熱力學的關係最早體現在馬克士威對於一個可以控制熱分子運動閘門小妖精的假想中。

在 1865 年，熱力學的先驅之一克勞修斯將熵增原則擴展應用到廣大的宇宙之中，從而提出了「熱寂說」。對此，馬克士威透過概率統計的視角進行深思熟慮。他考量到如果宇宙永遠只遵循熵增，即混亂不斷增加的規律，那麼秩序的形成與生命的誕生將無從發生。因此，馬克士威推斷，在自然界中，特別是對於如宇宙這樣的「開放系統」，必然存在某種機制，能在特定條件下使系統似乎「違背」了熱力學第二定律所述的熵增原理。

當時，馬克士威並未能清晰地解釋這一現象，於是他以幽默的方式提出了一個虛構的實體——「馬克士威妖」（Maxwell's demon）。這個假想的小妖精能夠精確地偵測並操控單個分子的運動，就如同下圖中所展示的那樣，控制著一個密閉空間高溫與低溫系統間氣體分子的運動通道。

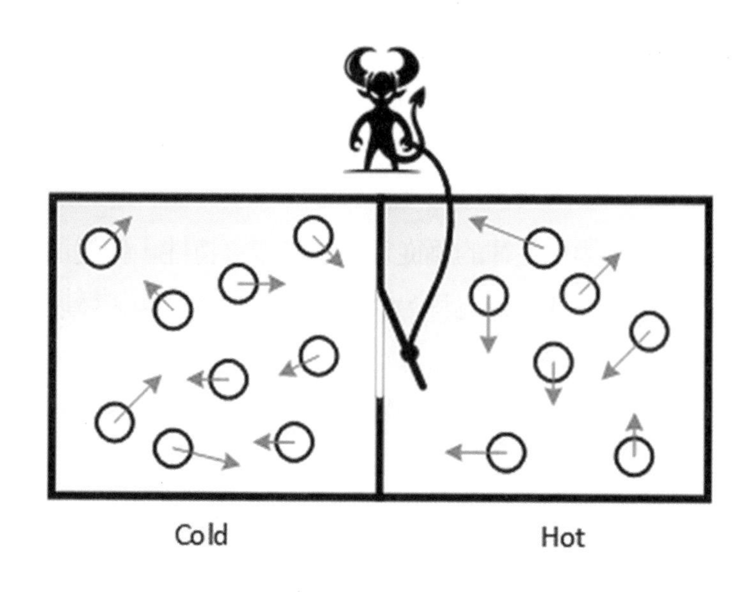

圖 2，馬克士威妖的思想實驗

馬克士威妖的存在基於分子運動速度的統計特性。根據馬克士威的理論，即使在低溫區域，也存在著一些高速度的分子，反之，在高溫區域亦有低速度的分子。倘若這樣一個能區分氣體分子運動的小妖精眞實存在，在兩系統之間設立一扇門，並只允許高速度分子從低溫區域移動到高溫區域，低速度分子則相反，只允許低速度分子從高溫區域移動到低溫區域。這樣的調控下，兩邊的溫度差將逐漸增大，最終導致高溫區域的溫度升高，而低溫區域的溫度降低，產生熵值降低的結果，而這似乎違反了熵增定律。

如果熵增是熱力學第二定律的普遍規律，那麼這個熵減的結果是如何發生的。

訊息熵的計算

從熵的定義來看，熵是系統可能微觀態的度量，可以用來描述事件的不確定量。當事件完全確定時，可能的微觀態爲 1，其熵值爲 0。而當事件可能的結果越多，可能的微觀態多，其熵值就會越大。熵的引入正好符合對事件訊息不確定性描述的需求，用來度量事件的不確定性。

訊息熵是熱力學熵概念的擴展，使得熵從熱力學領域進入到了訊息處理領域，與生物、經濟、社會領域的研究也產生了關聯。訊息熵也被稱爲廣義熵，是不同事件發生機率的加總。而如果每一個事件發生的機率都相同，就像玻爾茲曼所做熱力學熵的微觀推導時做的理想氣體假設一樣，那麼這種廣義的訊息熵就會退化成熱力學的玻爾茲曼熵。廣義訊息熵的定義已將熱力學熵的定義包含在其中。

訊息熵是一個宏觀概念，是將一個系統內每一個事件發生機率的總和，來衡量這個系統不確定程度的宏觀狀態。例如，人們可以通過計算訊息熵的大小，來比較丟硬幣和擲骰子兩個不同系統宏觀的無知和不確定程度。

丟硬幣的結果要麼是正面要麼是反面，正反面出現的機率完全相等，各爲 1/2，它可能的微觀態就只有兩種，正面或反面。因此，根據波茲曼熵公式的計算結果：

$$S_{均勻硬幣}=\ln(2)=0.69$$

。而骰子有 6 個面，擲骰子的結果可記爲 A、B、C、D、E、F，如果 6 個面的機率相等，它可能的微觀態 W 就爲 6，相同的計算公式，則：

$$S_{均勻骰子}=\ln(6)=1.79$$

。從結果來看，丟骰子比丟硬幣的微觀態數量更多，熵值更高，它是一個在宏觀層面上更不確定的系統，對可能的結果更加無知。在現實生活中，當我們遇到一個複雜的問題，需要考慮很多複雜因素時，則其可能的結果會很多，熵值高，即代表一個無知，不確定性高的系統。

信息量

在馬克士威妖的思想實驗中，密閉空間內的氣體分子系統在宏觀狀態下的熵值高。而當它接收到一個訊息，使其宏觀狀態發生變化，這個訊息的信息量就是表示原本的宏觀態熵值與接收到訊息後的熵值變化的差值。

在原本的宏觀態下，熵值高，處於不確定的狀態；而接收到信息後，宏觀狀態的熵值減小，趨於確定。因此，這個給定的訊息就具有了信息量，有能力改變系統宏觀熵值的大小。信息量就是系統在接收到訊息後，宏觀狀態熵值的變化量。信息量高的訊息就是有價值的訊息。

在丟硬幣和擲骰子的實驗中，當實驗得到「正面銅板」和「四點骰子」的結果訊息時，這訊息帶有信息量，讓原本丟硬幣和擲骰子的不確定的狀態轉換到確定的狀態，熵值由高變低。

馬克士威妖與心物問題之謎

在馬克士威妖的思想實驗中，妖精之所以能夠降低密閉空間熱分子系統的熵值，是因爲它引入了有價值的信息，知道那一個氣體分子是高速的，那一個是低速的，並進行了區分，使得整體系統的熵值從高變低。然而，導入信息量只是完整問題處理的其中一個步驟，我們還需要知道妖精是如何思考，如何知道要對氣體分子的速度進行區分，以及如何決定要控制閘門的動作，這些都是妖精的訊息處理機制需要解答的問題。

因此，這個思想實驗不僅是對馬克士威妖是否違反熱力學第二定律的熵增原理做討論，我們更關注的是他如何通過思考而建構出提升系統秩序度方法的過程。馬克士威妖的思考是心靈實體，而氣體分子是物質實體，心靈實體的思考改變了物質實體氣體分子的秩序狀態，這與人類如何用思考建立文明的秩序具有相同的問題本質。因此，這個思想實驗揭示了人意識心靈如何透過思考的處理訊息來建構秩序的奧秘，這對於理解 GPT 這類人工智能如何模擬人類智能來說，具有關鍵意義。

訊息引擎的減熵機制

訊息引擎與逆卡諾循環

當人面對外在事物的狀態不確定時，便會產生問題處理的需求。這個問題處理的目的，是在於將問題不確定的訊息狀態轉換爲確定的狀態。這一轉換過程中所涉及的訊息處理機制，我們稱之爲「訊息引擎」。思考本質上是一種訊息處理過程，其中蘊含著訊息引擎的運作機制。訊息有諸多不同狀態，包括存在的不確定性和因果關係來源的不確定性。訊息引擎的訊息處理過程則涉及訊息狀態的轉換，旨在將問題從不確定狀態轉化爲確定狀態。

熱機引擎透過卡諾循環原理將熱能轉換爲機械功，而逆卡諾循環則是通過輸入機械功抽出系統熱能，排放到環境中，從而降低系統的熵值。而在問題處理中，訊息引擎的作用是在降低系統不確定性的熵值，因此我們將訊息引擎與逆卡諾循環的制冷機制相對應。

除此之外，訊息引擎與熱機引擎產生對應的原因在於：一方面，在訊息處理過程中，訊息引擎中的訊息分子會對人產生心理壓力，這意味與訊息引擎對應的人的意識，有存在的訊息空間，其中運作的訊息分子具有動能，有對應的訊息溫度，對訊息空間產生壓力。另一方面，訊息分子的自由度和可能微觀狀態的多寡，與熱機引擎的氣體分子數相似，都可以用溫度和熵來表示。統合這些因素顯示，熱機引擎氣體分子的溫度與熵，和訊息引擎訊息分子的訊息溫度與訊息熵有對應的關係，訊息分子與氣體分子具有相同的熱力學性質，使得我們用熱機引擎的逆卡諾循環來類比訊息引擎的訊息處理循環。

逆卡諾循環

逆卡諾循環的效率公式，表示爲：

$$E = \frac{q_2}{w_0} = \frac{q_1}{q_1 - q_2} = \frac{T_2}{T_1 - T_2}$$

。在這個公式中，w_0 代表從外部對制冷機所做的功，而 q_2 則是從外在低溫熱庫抽取的熱量，而 T_1 和 T_2 則分別代表熱機引擎高溫和低溫熱庫的溫度。

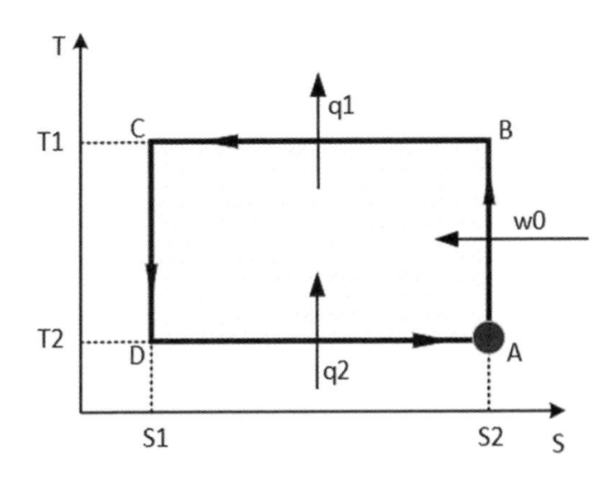

圖 3，逆卡諾循環圖

而將訊息引擎與逆卡諾循環做類比時，w_0 象徵著思考過程中所投入的心力，而 q_2 則代表從問題系統中移除的亂度，而 T_1 和 T_2 則分別代表在訊息處理時高溫和低溫的訊息溫度。訊息引擎的運轉效率，即取出的亂度與投入心力的比值，這個效率僅與訊息溫度的高低相關。換句話說，當外在系統的訊息溫度較低，或高溫與低溫之間訊息溫度的溫差過大時，訊息引擎的運作效率便較差。

訊息熵、訊息溫度和系統亂度這些概念在訊息引擎的運轉中都扮演著重要角色。然而，這些概念的本質上非常抽象，要將這些抽象概念應用於實際問題的處理中，就必須將這些抽象特性與問題處理的內在特性進行對應。因此，對這些抽象性質進行明確的定義是至關重要的，這樣我們才能有效地將訊息引擎原理應用於實際的訊息處理和問題解決過程中。

訊息溫度對應訊息存在狀態的不確定

訊息溫度的概念主要是用來量化實體存在的不確定性程度。這裡的「實體存在」指的是實體內在訊息元素的確定組合關係，從而產生實體具體的作用或功能。而當這些元素組合關係訊息從實體中被抽離時，實體便轉變爲一種抽象存在，僅具有作用的表示，而其內在組合結構則變得不明確，導致其存在的不確定性增加，進而提高其訊息溫度。因此，高訊息溫度的抽象實體，會使得與低訊息溫度具體實體之間存在不確定性的距離增大。相反地，當實體內含的組合訊息的關係較爲完整，其訊息溫度則較低。

例如，抽象「狗」的訊息與更具體「杜賓狗」的訊息相比，前者更缺乏內在的訊息內容，因此有較高的訊息溫度。而後者內在訊息較明確，則相對有較低的訊息溫度。

抽象化的目的在於將實體的具體現實轉化爲一種無規範的狀態，從而獲得更大的創作自由度，可以通過不同方式重新構建實體內在的訊息組合方式，以實現實體特定的抽象作用。當一個實體存在的確定性降低，內含的訊息減少時，其訊息溫度就會提高，從而增加實體可創造的自由度。

訊息熵對應訊息作用因果關係的不確定

訊息引擎循環中熵值的大小反映了解決問題作用因果關係的複雜程度。當作用來源的因果關係愈加複雜時，其不確定性自然增加，可能微觀狀態多，因而從不確定到確定狀態所經歷的熵值變化也相應增大。作用在確定因果關係狀態下，可能微觀態小，熵值趨向於零；因此，若一個解決問題作用在不確定狀態下具有較高的熵值，則它需要經歷更大的熵值變化，才能達到確定熵值爲零的狀態。

例如，擲骰子的因果關係不確定性明顯高於簡單的丟銅板，因爲骰子有更多的可能結果。因此，擲骰子的熵值變化大於丟銅板。換句話說，越複雜的因果關係，訊息引擎循環所需經歷的熵值變化就越大，這意味著解決複雜問題需要投入更多的心力和思考。

訊息分子與可能微觀態的對應

訊息分子的數量反映了一個系統可能微觀態的多寡，這些微觀態代表了系統的不確定性和複雜性。例如，丟銅板的作用系統中只有兩種可能的結果（正面或反面），因此，它有兩個訊息分子。相比之下，擲骰子的作用系統具有六種可能的結果（一點到六點），因此有六個訊息分子。

訊息分子的數量與系統的作用可能組合的不確定性息息相關。當一個實體的作用可以被抽象爲多種不同性質元素的組合時，這些元素的可能組合數量隨之增加，從而導致訊息分子的數量增多。換言之，訊息分子的數量越多，意味著該系統作用的存在越爲複雜和多樣，而這種增加的訊息元素數量和關係則提高了組合不確定性狀態的可能微觀態的數量，訊息分子的數量因而變多。

系統亂度與熱能做對應

在熱機引擎中，氣體分子的熱能是氣體分子的豐富度（即熵值）和氣體分子的平均動能（即溫度）的乘積，這代表了整體氣體分子的能量。相對應地，在訊息引擎中，訊息分子的亂度則是訊息分子的豐富度（即系統的熵值）與訊息分子存在不確定性的抽象程度（即訊息溫度）的乘積。

這樣的對應關係意味著，熱機引擎的熱能可以與訊息引擎的亂度相類比。對於問題系統而言，當其擁有較多的因果關係不確定性和實體存在不確定性時，表示其狀態越加混亂。而訊息引擎的作用目的在於投入心力，以抽取並減少系統的亂度，進而將問題從不確定性狀態轉換爲確定性狀態。當系統的亂度越大，要讓其回復成秩序的狀態，則投入的心力越多。

投入的心力對應對系統所做的功

在熱機引擎的結構中，卡諾循環的面積大小代表輸出的機械功。相對地，在制冷機循環裡，這面積的大小則表示需要投入的機械功。當我們將這個概念對應到訊息引擎上時，循環面積代表的是減少系統亂度所投入的心力。

這意味著，當一個事物存在的不確定性高，作用的因果關係複雜，要減少系統的混亂程度，所需投入的心力也相應增大。換句話說，處理因果關係複雜、存在不確定性高的問題需要更大的心力投入。

用訊息溫度和訊息熵來解釋訊息引擎循環

對照圖 4，訊息引擎的循環過程，包括等熵壓縮、等溫壓縮、等熵膨脹及等溫膨脹等階段，透過這些過程對訊息進行處理，進而產生負熵存量，消除問題的不確定性。讓我們深入探討訊息引擎循環的各階段，並透過訊息溫度與訊息熵的定義來解釋其運作原理。

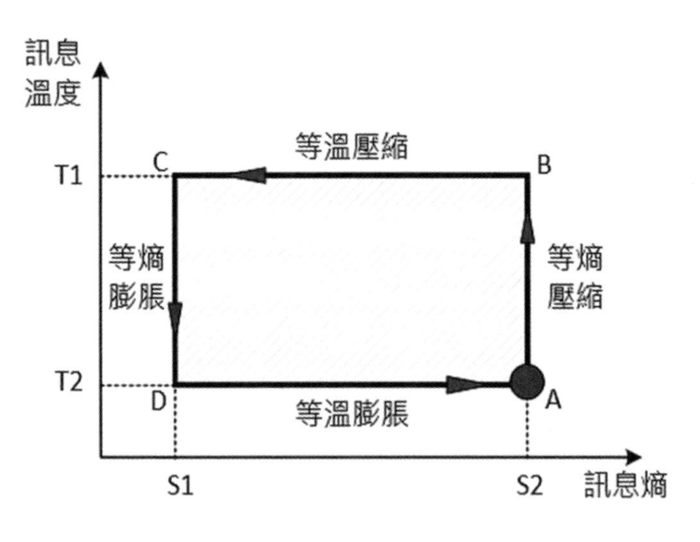

圖 4，訊息引擎循環

首先，循環的開始是等熵壓縮階段，這涉及抽象概念的形成。在此階段，系統的熵值維持不變，而訊息溫度升高。具體而言，這一過程將實體現象抽象化爲一種無細節、僅有作用的概念狀態，這被視爲訊息溫度提升的表現。

其次是等溫壓縮階段，涉及因果關係的解構。在此過程中，抽象的概念作用，由不確定的因果關係轉化爲確定的因果關係，即熵值由高變低，是熵減的過程。當因果關係不確定時，可能的微觀狀態多，訊息分子數量多。當因果關係確定時，可能的微觀狀態減少，訊息分子數量減少，這是壓縮的過程。

接著是等熵膨脹階段，涉及從抽象作用回到具體實體的轉變。在概念作用因果關係的系統解構之後，它仍處於抽象高溫的狀態。而這個階段的目的，是將系統解構後的抽象作用轉變爲實體的功能，其中訊息溫度從高到低，而因爲因果關係維持不變，因此是等熵過程。

最後，等溫膨脹階段是專注於實體作用的統整。在實體轉換後，作用之間的相關性可能產生多餘的重複訊息。統整的目的是在功能不變的情況下將這些冗餘訊息去除。統整功能雖然不變，但是會消除其內在因果關係的連結，是一個因果關係不確定熵值增加的過程。訊息分子數由少變多，是一個膨脹的過程。

經過訊息引擎循環後，會有一個亂度被抽離，新的實體的產生。也就是說，抽象概念作用轉化爲具體功能的實現。

訊息引擎效率公式的實際應用

訊息引擎的效率公式中，訊息溫度的高低與存在虛實之間的對應關係，可以解釋爲問題解決效率，與解決問題概念作用的抽象程度和現存具體功能之間的關係。

要提高問題解決的效率，就需盡量縮小抽象概念作用與具體功能之間的溫差。當使用抽象知識去解構概念作用時，由於與實現功能之間訊息溫度的溫差過大，會導致投入較多心力，但系統亂度降低較少，從而降低訊息引擎的運轉效率。

例如，工程師利用其專業知識來設計一部新手機是相對有效率的，因爲他們的專業知識所解構的概念與現有手機實體之間的溫差較小。相反，如果用物理學家的知識來設計手機，由於其理論知識所解構的概念與手機實體之間存在較大訊息溫度的溫差，訊息引擎的運轉效率便會較低。

另一個例子是，隨著手機產品功能的提升，其研發的訊息引擎運作效率會逐漸降低。以 iPhone 手機爲例，隨時間推移，其功能不斷增加並變得更加完善，導致手機實體的訊息溫度逐漸降低。這意味著，手機研發訊息引擎運轉效率的下降，相同的心力投入，但所提升的性能卻逐漸變低。因此，當 iPhone 手機的功能已接近完善，若要進一步提升其性能，需要投入更多心力，否則所提升的性能有限。

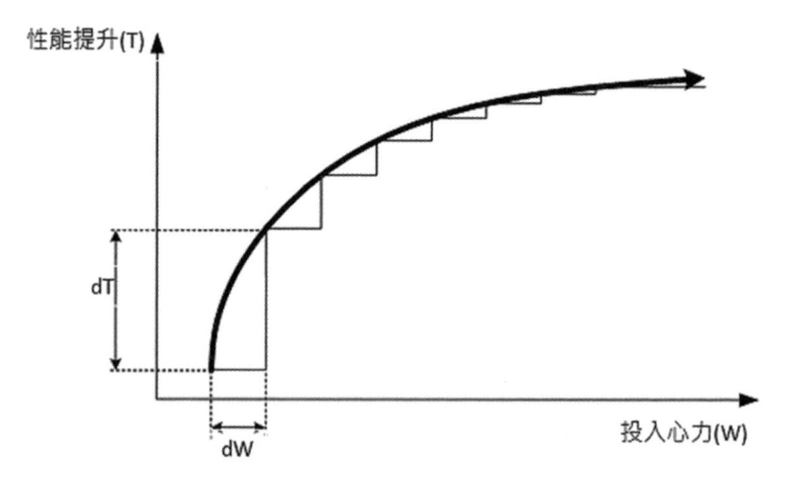

圖 5，產品開發與訊息引擎運轉效率

訊息引擎循環的負熵存量和增量

負熵存量與實體功能的對應

問題解析通常包含兩個主要維度：一是因果關係維度，二是虛實維度。當我們探究「爲何」這類問題時，我們主要是在研究因果關係這個維度。然而，這樣的因果關係是否能從虛擬的存在轉化爲具體存在，就涉及到虛實維度。

要使一個因果關係從虛擬變爲具體，並產生實際功能，就需要進行一系列訊息處理的實踐操作。這些操作通常需要消耗或儲存一定量的「負熵」。換句話說，一個實體存在的背後必然有一定量的負熵存量，這反映了從抽象作用的因果關係到其具體化過程中所進行的訊息處理。

一個抽象作用因果關係的可能微觀狀態越多，不確定性的程度越高，則其確定結果與其不確定狀態的熵值差異越大，要投入的心力多。對應地，若一個虛擬概念轉化爲具體的過程越困難，所需的負熵就會相應地增加。而作用因果關係實體化所對應負熵的加總，就是統整後實體的負熵存量。

以中彩券爲例，當人們問「你爲什麼能中彩券」時，他們是在探討這個問題的因果關係。如果你回答「是因爲神明的保佑」，這是一種因果關係的解釋，但這並不保證這個因果關係能夠實體化或從虛轉實。如果神明的保佑不能通過一致可重複的實踐過程來確保中彩券，那麼就表示實體化的過程，沒有足夠的負熵存量來支持其成爲一個確定實體的存在，讓每一次買的彩券都能中獎。而神明保佑的負熵存量不足有兩個可能原因：因果關係的前提不對，或是請求保佑的神明威力不足。前者是因果關係的對應，後者是虛實的對應。

因此，實體要累積足夠的負熵存量才能夠去產生對應的功能作用，這是實體新功能的實現。如果實體因爲某些原因造成失序，而流失了負熵存量，那麼原有實體的功能就會失去它的作用，而功能的回復就要補足其不足的負熵存量，這是實體功能的回復。

訊息引擎循環面積大小爲負熵增量，結果爲負熵存量

存在的實體或知識本身擁有一定的負熵存量。這意味著，如果一個抽象作用或概念能夠直接找到其對應的實體，而無需經過過多的解構過程，則這一對應的實體必然具有高度的負熵存量。換句話說，高負熵存量的知識或實體使得這個抽象概念能夠更容易地被實體化，不須經過繁瑣因果關係的解構過程，那麼中間訊息處理過程所新增的負熵存量就小。

對於處理陌生問題，由於缺乏直接對應的關鍵資源，人必須進行較多因果關係的系統解構工作，直至能夠實現實體轉換，才能獲得解決問題所需的負熵存量。這過程中，引入的實體關鍵資源帶有負熵存量，而進行更多因果關係系統解構的訊息引擎循環則增加額外的負熵增量。因此，問題解決的結果所得到的負熵存量，即等於訊息引擎循環產生的負熵增量與關鍵

資源提供的負熵存量之和，也就是：

結果實體的負熵存量＝
訊息引擎循環的負熵增量＋關鍵資源供給的負熵存量

。這樣的理解指出，處理問題的過程實際上是在利用已有的負熵存量資源，並通過訊息引擎循環來增加所需的負熵增量，從而達成將抽象概念轉化為具體實體的結果。

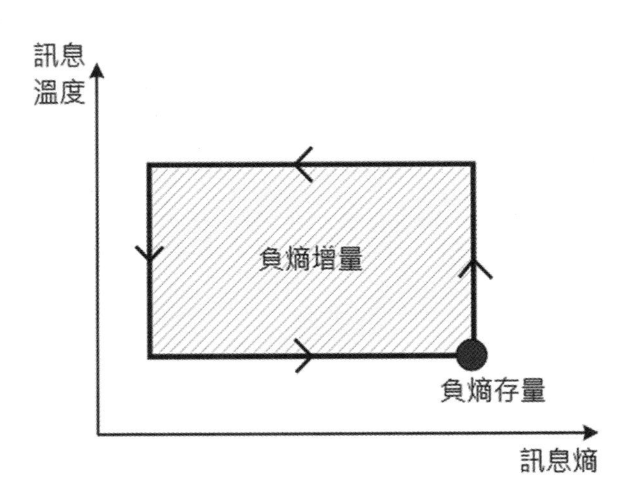

圖 6，負熵存量與負熵增量

負熵增量用來擴充實體本身的負熵存量

在問題處理的過程中，系統解構做為延伸和釐清因果關係的手段，當解構的因果關係沒有辦法找到對應的實體轉換，這表示問題處理者對解構的作用還是陌生，因此需要做更細節的解構，直到可以找到對應的實體轉換爲止。這等同於增大了等溫壓縮過程中熵值變化的幅度，增加了問題處理的複雜度，從而使訊息引擎循環的面積增大。換言之，循環面積的增大代表著所處理的不確定訊息量增多，即負熵增量的提升。

當人面對一個熟悉的問題，能夠直接找到答案，此時概念作用直接轉換成具體實體，過程中沒有額外的系統解構或訊息處理，因而不會產生額外的負熵增量，也就不會內化爲新增的個人智能。然而，在處理陌生問題時，額外產生的負熵增量能有效提升個人的智能水平。這也解釋了爲何解決陌生問題對於人智能的提升具有重要的助益。

信息量和負熵存量的主觀與客觀

信息量

事件的可能結果越多，每個特定結果發生的概率自然越小。在這種情況下，參與者面臨選擇時的不確定性和無知感會相應增加。因此，從這個視角來看，熵可以視爲無知或信息缺乏的一種度量。

信息量是衡量降低訊息不確定性程度的重要指標。具體來說，當一個問題接收到新的訊息，其不確定性顯著減少時，該訊息所包含的信息量就較大。這意味著訊息的信息量與其減少問題不確定性的程度成正比關係。

關於信息量度量的說明

當我們丟銅板時，結果不是正面就是反面。這個過程可以視為因果關係的具體實現，屬於因果維度的範疇。銅板落地後呈現的正面或反面，代表著具體結果的實現。具體結果有一定的負熵存量，而這個負熵存量有信息量，用以解除了這個丟銅板事件的不確定性。

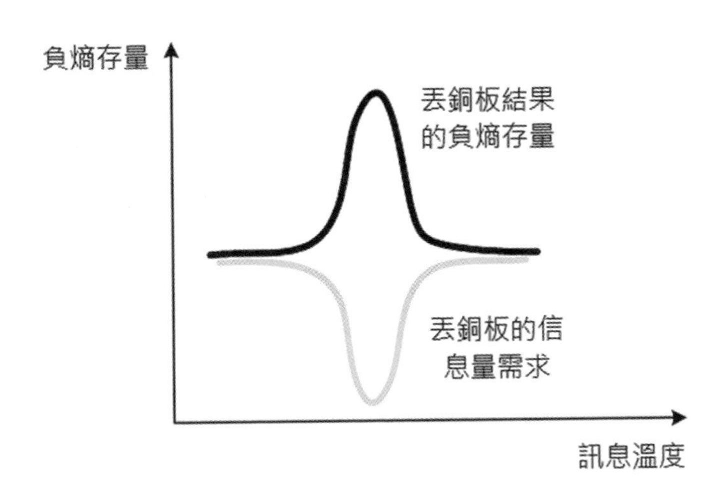

圖 7，銅板投擲結果的負熵存量與信息量

同樣的原則也適用於擲骰子的情境。擲骰子可能出現六種不同的結果，對應於骰子的六個面。每一次擲出特定點數，都是因果關係在實際操作中的體現。因此，每一次骰子的結果同樣具有相應的負熵存量，而它包含了解除骰子點數不確定性的信息量。

因此，無論是投丟銅板還是擲骰子，這些行爲的結果都擁有一定的負熵存量，且具有特定的信息量，並對特定事件的不確定性進行處理和解決。

關於負熵儲量與信息量的區別

「負熵存量」和「信息量」雖然彼此相關，但它們並非完全對等的概念。以擲骰子爲例，每一次擲出的結果都擁有特定的「負熵存量」。這個負熵存量可以被轉化爲解除擲骰子點數不確定性的「信息量」。然而，這種負熵存量的結果卻無法直接轉化爲解決投丟銅板正反面結果不確定性的「信息量」。因此，負熵存量並不等同於信息量。負熵存量只有當其與其應用的具體情境直接相關時，才能轉化爲有價值的信息量。

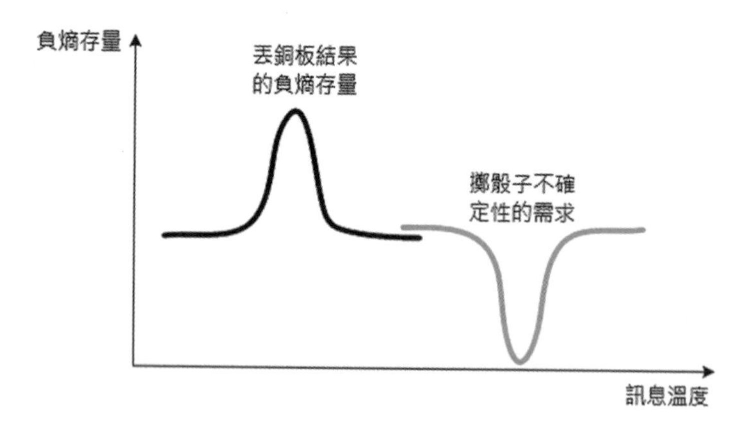

圖 8，銅板投擲結果沒有骰子不確定的信息量

負熵存量是客觀存在的，而其「可用程度」則成爲了我們所稱的「信息量」。換句話說，負熵存量是客觀的，而信息量則是主觀的，它與解決特定問題或特定應用所需的負熵存量有關。

在經濟學領域中，「負熵存量」和「信息量」這兩個概念也可找到相應的對應關係。負熵存量可以類比於商品的「交換價值」，這是一個客觀的價值，通常由市場價格來定義。而信息量則對應於消費者從商品中獲得的「效用」，這是一種主觀的體驗，因人而異。商品的交換價值固定不變，但從該商品獲得的效用卻取決於使用者如何利用這個商品來解決它們面臨的不確定性問題。

換句話說，效用實際上是消費者從商品中提取出的有用負熵存量的多寡，這個量度直接影響著商品解決不確定性問題的能力。因此，效用的含義在於使用者從商品中獲取多少有助於解決不確定性問題的負熵存量。獲取的負熵存量越多，該商品對於使用者自身實體秩序的建構或是解決不確定性問題的幫助也就越大。

GPT 的答案有負熵存量，但未必有解決問題的信息量

這一點可以從學生在考試中的表現中得到體現。學生的答案雖然具有負熵存量，但是否能夠眞正解答考試問題，其實取決於答案中包含的信息量。老師根據這一信息量來給出相應的分數。

同樣地，當 GPT 參與各種考試，如美國的律師考試或 SAT 等，它並未能取得滿分。這反映了 GPT 的答案在面對這些考試問題時，並未完全擁有 100%的信息量。

這說明了，GPT 提供的答案雖然具有一定的負熵存量，但它是否能夠真正解決問題或消除不確定性，則取決於它所包含的信息量。換句話說，GPT 答案的實際價值會受限於其信息量的多寡。如果 GPT 的答案無法有效解決實際問題，那麼就表示它答案負熵存量中所擁有的信息量低，答案的價值低。

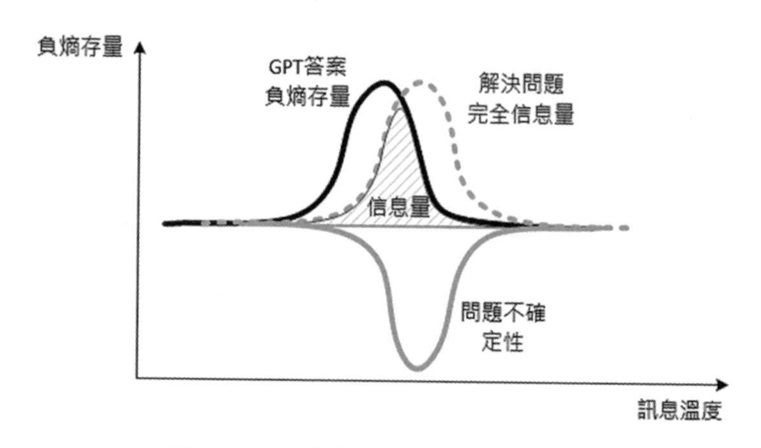

圖 9，GPT 答案內含問題的信息量

因此，負熵存量是客觀存在的，而信息量則更多取決於使用者主觀評價。一個答案是否有用，以及它的實用程度，最終仍然取決於使用者的主觀判斷。也就是說，在實際應用中，從負熵存量中獲得的有效信息量會因使用者的不同而有所不同。

2
訊息引擎：心物統合的橋樑

訊息引擎做爲一個訊息處理的核心運作機制，其功能不僅依賴於人意識心靈主動思考的作用，也需外在實體資源的支持。因此人訊息引擎的訊息處理機制，結合了意識的主動思考與外部的實體資源，形成心靈與物質間的橋樑。這種心物互動不僅是訊息處理的關鍵，也是構建秩序的基礎。

心物一元論，心物的認知

心物二元與心物一元

心物二元論是一種著名的哲學觀念，由法國哲學家、數學家暨科學家勒內．笛卡爾（René Descartes）於 17 世紀提出。他的心物二元論將世界分爲兩個不同類型的存在：物質實體和心靈實體。

根據笛卡爾的觀點，物質實體是指擁有形狀、位置和空間可延展的物體，受到物理學定律的支配。這些物體可以在時間和空間中移動並互相作用，例如動物、植物和無機物。

而心靈實體則指的是人類的意識和思維，它無法通過空間或時間衡量。心靈實體不受物理定律的限制，但具有自主性和自由意志。笛卡爾認爲，心靈實體與物質實體截然不同，它們彼此獨立存在，但又相互影響。

而心物一元論是一種將心靈和物質視爲同一類存在的哲學觀念。心物一元論主張心靈和物質並不是截然不同的實體，而是同源的或者可以互相轉化的。

心物問題是爲了建立秩序而存在

探究事物本質的哲學問題中，心物問題一直是一個重要的議題。笛卡爾認爲，心靈實體與物質實體截然不同，它們彼此獨立存在，但又相互影響。然而，若缺乏對於心物交互作用及其目的的理解，那麼對存在事物做心物的區分並沒有太大的意義。

心物之間的作用關係涉及世界如何從混亂中建立秩序，例如人的生命以及人類文明的發展皆源自秩序的建立。如果實體秩序的存在與心物之間的互動有關，而 GPT 人工智能的作用又屬於秩序建構的一環，那麼對於 GPT 本源的探究就要從心物問題著手。

心物一元論的新視角

我們的心物一元論觀點認爲，無論是物質實體還是心靈實體，它們的本質都是「秩序」，是一種由訊息組成的秩序存在。這個觀點強調，無論心靈或物質，它們所呈現的作用都來自於實體內在訊息的秩序組合。而物質與心靈之間的差異，主要體現在它們執行不同作用的屬性上。

物質實體的屬性主要表現爲功能，功能是特定的作用，能使對應的事物產生改變，例如機械的運作或生物體的生理過程都是功能，使物體產生運動或改變身體的狀態。相對地，心靈實體的屬性則表現爲創生，創生是從無到有的過程，涉及思考和自由意志的表現。

更重要的是，這一理論認爲物質實體和心靈實體之間的關係不是靜態的，而是可以相互轉換的。這意味著，心靈實體可以改變物質實體，而物質實體也能轉化爲心靈實體。

這種心物一元論新視角，將爲我們理解人的心智與物質世界如何相互作用提供了一種新的思考方式，使我們能夠從更深層次理解世界運作的本質。

意識扮演被動角色，被視爲物質實體

人的意識雖然能夠扮演心靈實體的角色，但它與心靈實體之間的關係並非直接等同。這種區分的關鍵在於意識的作用屬性：只有當意識展現出創生的作用，即具有創意與自主性時，它才是眞正心靈實體的體現。

創生不是生成，問你問題，你用你現有已知的知識給出答案不是創生。而對一個你原本不知道的問題，但經過思考，給出答案，能無中生有，那就是創生。

如果一個意識僅僅回應他人的指示，給出自己已知的答案，只是功能的執行，沒有展現出自主創造的作用，那麼它更接近於物質實體，而非心靈實體。換言之，心物關係的核心不僅僅在於物質與心靈的區分，更在於其背後的作用屬性，即是創生還是單純執行功能。

同時，我們也應認知到，非人的意識實體，若展現出創生的作用，也可被視爲心靈實體的存在。因此，在探討心物問題時，關鍵在於識別與理解實體存在的作用屬性，而非僅僅劃分物質與心靈的界限。

心物和實體概括世界所有的一切

實體是存在的事物，而實體是物質實體還是心靈實體，是依據人主觀的意識去做認知，而人的主觀意識如何去概括這個世界所有的存在？

在人的主觀認知中，對於這個世界的存在物，可以從實體與非實體的角度進行劃分，然後實體進一步可細分爲心靈實體與物質實體。實體的分類建立在秩序的存在與否的基礎上。實體是指那些具有秩序存在的事物，而人的意識擁有秩序直覺的能力，可以直觀地識別事物是否具有秩序，從而判斷其爲實體或非實體。

秩序直覺是人意識的一種客觀能力，好比人們對美感的認知天生就有，而且不同的人之間沒有大的差異，而美感的本質就是秩序和非秩序的區別。因此，人們利用客觀的秩序直覺來區分實體與非實體，同時用主觀意識的實體屬性認知來區分心靈實體與物質實體。這樣，人的意識就可以概括並分類世界上所有存在的事物。

舉例來說，當我們看到路邊的垃圾時，會認爲它是非秩序的存在，因此屬於非實體。另一方面，當我們看到一張椅子時，認爲它是有秩序的實體，且具備提供人坐的功能。但由於椅子缺乏自主意識，因此被確定爲物質實體。至於判斷一個人的存在，則需依據其行爲所展現的作用屬性是功能性還是創造性來決定其爲物質實體還是心靈實體。

心物二元向心物一元的轉化

在笛卡爾的心物二元論中，物質實體指的是具有形狀、位置與空間的物體，它受制於物理學的定律，即物體的概念。物體存在是人類透過感官認知的現象。然而當我們說物體存在的現象符合物理定律時，這就表示其作用能複製且重複出現，因此二元論物質實體的本質反映了它的作用和作用不變的特性。如果是一種易變且難以捉摸的東西，它就無法展現確定的作用。而確定作用的產生是因爲物體內部元素有確定的組合關係，而這種確定的組合關係即是秩序。因此，笛卡爾所認定的物質實體，它的本質也是秩序，因爲只有秩序的本質，物質實體才能受物理學定律的規範，保有一定的穩定性，並擁有時間不變的因果關係。好比說原子的特性受量子定律的規範，其作用有不變性，那原子物質實體的本質就是秩序。

相對地，笛卡爾的心靈實體指的是人的意識與思維，它無法透過空間或時間來量度，並且不受物理定律的約束，但具有自我意識和自由意志。自由意志所展現出來的作用，與一般物質實體固定功能的作用不同，它是可變的。但這種變化並非隨機的變化，而是一種有特定作用的變化。這種特定作用可以用來理解事物的本質，並能對事物的存在進行創新的改變，其作用源頭仍然是源於心靈實體秩序本質所產生創生的作用。

因此，雖然心物二元論與秩序本質心物一元論在物質實體與心靈實體在本質的定義上有所不同，但其物質實體與心靈實體的作用來源都是秩序。因此，二元論在對物質實體與心靈實體的區別上，也都是基於其不同的秩序特性所展現出的不同作用，而這些作用抽象來看就是功能與創生屬性的區分。因此，二元論視角的物質實體與心靈實體轉換爲一元的秩序本質，但表現爲不同的作用屬性。如此，心物二元論向心物一元論轉化。

一元論與二元論的存在認知，意識與感官

實體是存在的概念，但究竟什麼樣的事物可以被認定爲存在，尤其當我們區分物質實體與心靈實體時，其存在是否源於感官，還是源於秩序的本質。

在心物一元論的視野下，一個實體的存在取決於其作用的認知。相對地，在心物二元論中，實體的存在則是建立在意識與感官的認知之上。換言之，如果人類的意識能夠感知到某事

物的存在，那麼該事物就可以被稱爲實體，這是心物二元論的觀點。然而，在心物一元論中，無論是物質實體或心靈實體，都必須能夠表現出其屬性的作用，否則其存在將無法被認知。因爲作用是秩序本質的體現，如果一個事物缺乏秩序的本質，無法表現出作用，那麼它將被視爲非實體的存在。至於心靈實體的存在，則因爲人能夠意識到意識中訊息處理的作用，因此能夠認知到心靈實體的存在。

實體存在的訊息轉化

在廣義熵的概念中，熵值不僅是衡量秩序程度的方式，也代表了訊息組合可能微觀狀態的多寡，這適用於從實體粒子到一般訊息的廣泛範疇。在傳統熱力學中，熵主要與氣體分子的狀態相關，這些狀態通過質量、位置和速度等物理性質訊息來界定，從而描繪出粒子之間不同的訊息組合關係。

這種觀點將實體的本質歸結爲其元素訊息的秩序組合。換言之，這個世界可以被看作是由訊息所構成的，即便是物質實體，其存在也可以被解構爲訊息的秩序組合。當物質實體被人類感官所認知時，它們也會轉化爲訊息的形式，用訊息來表示實體在空間和時間中的特定狀態。這意味著，物質實體的基本構成元素從人的觀點來看是訊息。

至於心靈實體的認知，它是基於對心靈實體進行訊息處理的作用所呈現的現象。通過這種方式，我們對心靈實體的存在有了認知，它所表現的是訊息處理的特殊作用。

心物一元的心物轉換

心物一元論主張，物質實體和心靈實體的本質皆是秩序，它們都是由秩序所構成的實體，只是表現出不同的屬性作用。這兩種實體能夠互相轉化，物質實體可轉化爲心靈實體，而心靈實體也能轉化成物質實體。

在實證上，人大腦內包含意識心靈實體的功能，而這心靈實體是由大腦中神經元的物質實體所構成。因此，物質實體確實能夠轉化爲心靈實體。

產生意識作用的神經網路是由數以億計的神經突觸所構成的複雜巨大系統。從個別的物質實體來看，一個獨立的神經突觸並不能產生意識作用。然而，當大量神經突觸的物質實體彼此產生交互作用時，就會產生心靈實體心智的功能。因此，心靈實體的屬性實際上是從物質實體的屬性轉化而來，而這轉化的過程乃是複雜系統作用的湧現，產生了意識心靈的作用。這種轉變是物質實體「量」的變化超過某個臨界值後，導致心靈實體「質」的轉變。雖然人的意識心靈源於物質實體，但要找出兩者之間明確的因果關係卻非常困難，因爲這種因果關係已經被斷裂，因此對物質實體和心靈實體作用的屬性做了分離。

而心靈實體是否能夠改變物質實體的狀態？學習是意識思考的心智作用。當人的意識透過主動學習提升大腦的智能，而智能提升是大腦神經網路物質實體結構的改變，而這正是心靈實體改變物質實體作用的體現。

因此，心靈實體和物質實體能夠在秩序本質的基礎上互相轉化，這正是心物一元論的概念所在。

訊息引擎的心物統合

心物相合才會有生命創生的作用

如果這個世界只包含物質實體而沒有心靈實體，那麼這將是一個靜止不變的世界。雖然物質實體會展示其功能和作用，但如果沒有心靈的認知，這些功能和作用將毫無意義，無法產生任何影響。在這種情況下，世界將失去存在的意義。

然而，如果僅有心靈而無物質實體，心靈所想的一切都是空想，無法產生任何實際效果。只有心靈和物質結合在一起，世界才會有意義且充滿變化。

因此，世界的變化源於心靈和物質的互動關係，這種互動關係創造了生命。生命是心靈與物質互動的表現，是世界變化和進化的驅動力。

在物質與心靈的融合中，展現出心物合一的力量，這是生命的眞正意義。生命不僅是物質實體與心靈實體的融合，更是秩序建構創生的體現。

單純的物質實體有精神，無意志，非生命體

生命是心物合一的觀點，是心靈和物質之間的作用。物質實體的創生過程是有意識的作用，但在創生之後，心靈的意識會抽離，而留下秩序的精神。精神是訊息秩序的組合狀態，並表現為功能。單獨的物質實體並不能表示為生命，它有功能作用的精神，但沒有創生的意志。

單獨強調心靈實體或物質實體的存在，對於創生的心物關係來說，並無太大意義。心靈實體的作用沒有表現出來，那麼我們只能說它是存在的實體，而無法認定它是心靈實體或物質實體。實體是秩序的存在，而作用則是它的屬性。心靈實體的作用要在和物質實體的作用產生相互關係時才會表現出來。如果一個人光想而沒有對外在產生任何的變化，那麼說他是心靈實體就沒有太大意義。

訊息引擎是心物統合的機制

對於生命的創生來說，存在的物質實體被化約為訊息，而心靈實體則是處理訊息的運作機制，統合物質實體的訊息做秩序的創生。

心靈實體是訊息處理的核心，它將物質實體的存在轉化為訊息，進而在訊息引擎中進行運作。訊息引擎是意識心靈的訊息處理機制。在訊息處理過程中，物質實體的訊息分子被引入意識的訊息引擎進行處理和運轉，這是物質體的訊息分子與心

靈實體訊息引擎的心物統合的過程。

在這個過程中，知識也被視爲物質實體，無論它是哲學知識或是工程科學知識，都被轉化爲訊息分子。只是由於知識抽象的程度不同，轉化的訊息分子會擁有不同的訊息溫度。

進一步來看，在訊息引擎運作與心物關係的框架中，心靈實體扮演著操作訊息引擎、導入思考訊息能量的角色。與此同時，物質實體則轉化爲訊息分子，成爲訊息引擎中的工作物質。這樣的結構揭示了訊息引擎在心物統合的過程中的核心作用。

訊息引擎中訊息分子的主客體區分

訊息引擎中的訊息分子來源可以區分爲主體和客體，這兩者分別對應著心靈體和物質實體。訊息引擎所在心靈實體的作用體稱爲主體，而提供秩序建構資源的物質實體稱之爲客體，反映了主動與被動的差異。這種區分使我們能夠將訊息引擎所處理的訊息分子分類爲主體訊息和客體訊息，而不同的訊息則具備不同的訊息溫度，由此產生主體訊息溫度和客體訊息溫度之間的區別。

在這裡，我們要強調的是，心與物之間的差異表現在訊息溫度的差距。心靈實體的訊息有抽象不確定的特性，訊息溫度較高，而物質實體的訊息有具體存在的特性，訊息溫度較低。正因爲存在這樣的訊息溫度差距，訊息才能流動，訊息引擎才能運作。

心靈實體的作用，操作訊息引擎，提供主體訊息

在探討心物問題時，我們需要深入了解主體與客體、心靈實體與物質實體，以及訊息分子的訊息溫度差異，同時探討這些要素之間的關聯與影響。主體與客體均是人的作用體，其中主體內含有心靈實體，而心靈實體中則包含著訊息引擎的機制。雖然主體與客體皆爲訊息引擎所需的訊息分子的來源，然而它們提供的訊息分子卻具有不同的訊息溫度。

主體所代表的是心靈實體，擁有創造與主動思考的能力。在物質實體功能創生過程中，主體操作訊息引擎，並輸入高溫度的訊息分子，而客體則依據主體的要求被動的提供低溫度的訊息分子，提供帶有負熵存量的關鍵資源。因此，心靈實體必須具備主動性，能夠提供高溫抽象的訊息分子，並引入客體低溫具體的訊息分子，在其訊息引擎中做訊息處理。

在現實生活中，所有的想像過程都需要具體的實現，而想像與具體之間的關係就是心與物的關係。想像的訊息溫度高，具體的訊息溫度低，只有在想像與具體之間的互動中，秩序才能被建立。想像代表了需求，而具體則代表了供給，因此，供需之間也就形成了心與物的關係。

最後，主體和客體訊息之間的對應關係涵蓋了抽象和具體兩個層面，其中抽象對應高溫，具體則對應低溫，這兩者是相對存在的。以知識的建構爲例，從哲學知識到物理知識，從物理知識到工程知識，從工程知識到製造知識，這中間經歷了多

個心物過程。因此由抽象轉向具體，這個轉換過程有時需要進行多次訊息引擎的循環。每一次循環過程都涉及主體和客體之間訊息溫度的相對關係，並逐步降低訊息溫度的過程。

馬克士威妖建構秩序的思考

馬克士威妖的思想實驗展示了一個關鍵概念：人的思考能力如何改變外部物質世界的秩序狀態。這個實驗透過特定的訊息處理，導入特定的信息量，從而使密閉空間內的氣體分子熵值降低，進一步在該空間內建立一定的秩序，產生溫度差異，並展示出機械功的作用。

這個思想實驗的核心正是心物問題，即探討人的內在心靈與外在物質世界如何互相對應並改變外在物質世界的秩序狀態。這種互動是心物合一秩序建構的一個經典實例。這其中涉及訊息熵值和訊息溫度的變化，以及如何產生負熵存量過程，而這過程關係到心物與訊息引擎秩序建構的交互作用。

熵減方法的思考

馬克士威妖在面對降低密閉空間氣體分子熵值的問題時，他所做思考的主要考量是，要用什麼樣的策略方法，和如何的執行方式以達到解決問題降低系統熵值的目的。我們假設他是以訊息引擎循環爲基礎的思考模式來找到解決問題的方法，和方法執行的方式。

首先，他是做氣體分子減熵方法的思考。根據訊息引擎的思維方式，首要步驟是等熵壓縮的形成概念階段。在這個階段，他面對的現實是密閉空間的氣體分子處於熱平衡狀態，熵值爲最大。要將其熵值降低，轉化爲熵值較小的狀態，需要的是減熵功能。因此，這一概念的形成過程涉及將訊息溫度低狀態下的具體減熵功能進行抽象化，提升爲一種熵減抽象作用的概念，這是具體功能到抽象作用，訊息溫度從低溫提升至高溫的過程。在等熵壓縮中，雖然等熵壓縮的等熵是兩者來源的因果關係都不明，但功能是實的，訊息溫度低，作用是虛的，訊息溫度高。

第二步驟是進行等溫壓縮的系統解構階段。在這一階段，馬克士威妖深入思考了減熵作用的概念，尤其是在密閉空間中氣體分子熵增與熵減的含義。他理解到，在微觀狀態下，熵的增加可能意味著微觀態的增多，而熵的減少則可能意味著微觀態的減少。而在熱平衡狀態下，其可能的微觀態達到最大。

而當處於非熱平衡狀態，氣體分子存在高溫與低溫之分時，這是可能微觀態減少的狀態。因此，在訊息處理等溫壓縮循環過程，馬克士威妖對熵減作用的來源進行了系統解構，即把熱平衡狀態下的氣體分子分爲高溫和低溫兩部分。用公式來表示就是：

減熵作用 ＝ 低溫氣體 // 高溫氣體

。其中 // 是區隔作用的表示。這個關係式表示了密閉空間氣體分子減熵概念作用的系統解構，是把氣體分子區隔成高溫和低溫兩個區塊。

第三步驟是進行等熵膨脹的實體轉換階段。馬克士威妖理解到，在一個熱平衡狀態的密閉空間內，氣體分子的運動速度分佈呈現出馬克士威統計分佈的特點。這意味著即使在低溫區，仍然存在許多高速度的分子；而在高溫區，也有一些低速度的分子。

基於這種專業知識的認知，他對減熵作用中將氣體分子劃分爲高溫和低溫區塊的抽象作用進行了實體轉換。這一轉換就是把抽象的高低溫區隔找到具體實踐的方法，而其方法是把高溫區間的低速氣體分子移至低溫區間，同時將低溫區間的高速氣體分子移至高溫區間。用公式來表示就是：

低溫氣體區隔 ＝ 把低溫區塊的高速氣體分子移出，把高溫區塊的低速氣體分子移入
高溫氣體區隔 ＝ 把高溫區塊的低速氣體分子移出，把低溫區塊的高速氣體分子移入

。這種高溫和低溫分離的實踐方式是根據氣體分子運動的速度來區分，將抽象的溫度高低轉換爲具體可實現的速度快慢。溫度的高低是屬於抽象概念，而速度的快慢則是眞實的存在，二者具有不同的訊息溫度。這一過程構成了等熵膨脹的實體轉換階段。

第四個步驟被稱爲等溫膨脹的實體統整階段。這一階段他

所做的思考是對高溫和低溫區隔的實現方法進行整合。實現這一目標的策略是對整體氣體分子進行高速和低速的分類與移動，將高速氣體分子移至高溫區，而低速氣體分子則移至低溫區，從而達到降低密閉空間內氣體分子熵值的目的。

用公式表示，這一過程可以被寫作：

熵減功能＝低速氣體→低溫區+高速氣體→高溫區

。而這個就是實現密閉空間氣體分子減熵功能的方法。原本抽象的熵減作用有了實際可以實現的方法和策略。

熵減方法的執行

當確定了減熵的方法之後，仍由馬克士威妖負責執行這一過程。這個執行過程本身也是一個訊息引擎的循環，只不過這次循環的訊息溫度更低，更趨近於具體的實現。根據訊息引擎的思維方式，這個過程可以分爲以下幾個步驟：

第一個步驟是等熵壓縮的概念形成階段：在這一階段，是把馬克士威妖將達到的整體系統減熵的低熵狀態結果做爲目標，然後將這個低熵狀態的目標實現提升爲低熵結果實現的作用概念。

第二個步驟是等溫壓縮的系統解構階段：在這一階段，馬克士威妖對低熵結果進行系統解構，是基於先前在訊息引擎循環中得出的減熵作用方法的執行，即將密閉空間內的氣體分子進行高速和低速的區隔。換句話說，減熵作用方法的系統解構可以表示爲：

低熵結果實現＝低速氣體→低溫區+高速氣體→高溫區

。將之前訊息引擎循環結果的減熵方法，做爲達成低熵目標結果的系統解構。

第三個步驟是等熵膨脹的實體轉換階段。這個階段是將先前確立的減熵方法付諸實際執行。首先，這需要妖精具備辨識氣體分子速度的能力，接著通過閘門控制的方式，將高溫區的低速分子移至低溫區，同時將低溫區的高速氣體分子移至高溫區。換言之，這一步驟包括偵測氣體分子的速度並通過閘門控制來進行氣體分子做速度的分類和區隔，這是實體轉換等熵膨脹的過程。

第四步驟則是等溫膨脹的實體統整階段。在這一階段中，將各個氣體分子速度區隔方法的實際執行結果進行整合，最終將導致高溫區間氣體分子的溫度逐漸升高，而低溫區間氣體分子的溫度逐漸降低，實際達成了密閉空間氣體分子熵減的低熵狀態。

具體來說，將高溫區間的低速氣體分子被移至低溫區間，而低溫區間的高速氣體分子則被移至高溫區間，這些被移動的氣體分子都攜帶著信息量，從而降低了整個區間內氣體分子的熵值。這一過程不僅顯示了馬克士威妖的心智能力，也體現了心物問題中心靈實體的思考與物質世界之間的互動過程。

馬克士威妖方法思考和方法執行的訊息引擎過程

總結來看，在降低系統熵值的過程中，實際上經歷了兩個訊息引擎循環的訊息處理階段。首先是方法思考的循環階段，這個階段涉及他如何構思出通過對氣體分子速度進行分區來降低整體系統熵值的方法。接下來是方法的執行階段，即將對氣體分子速度的區分做具體的實現，以實際降低系統的熵值。

這整個過程體現了人如何透過思考達到建立秩序的結果。馬克士威妖的實驗不僅展示了物理學上的原理，也深刻揭示了心靈與物質世界之間的相互作用和影響，共同構建了一個更有秩序的世界，也清楚演繹了問題解決的過程。

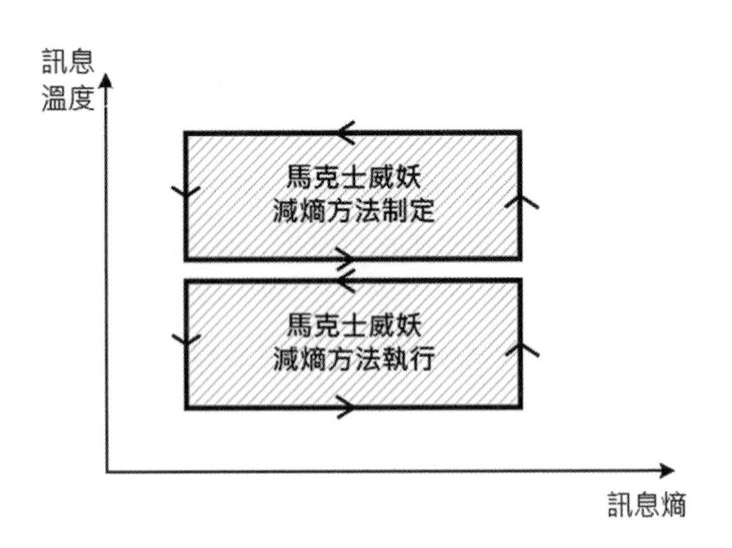

圖 10，馬克士威妖減熵的訊息引循環

馬克士威妖的思考過程與知識

讓我們以馬克士威妖為例來探討訊息引擎循環的心智關係。在這個過程中，馬克士威妖必須依賴特定的知識才能成功執行循環過程訊息狀態的轉換。這進一步顯示，在解決問題的過程中，訊息引擎可以視為我們思考的工具或方法。然而，要讓思考產生有效地作用，還需要具備核心知識能力的智能，以便能在思考過程中提供有用的訊息。換句話說，這形成了一種心智互動的關係：思考是一種主動能力，而這種能力必需有智能的知識做為基礎。

例如，假設馬克士威妖缺乏熱力學第二定律的相關知識，不懂馬克士威氣體分布曲線知識，也沒有速度偵測能力或控制閘門的方式，那它將無法實現減少氣體分子熵值的目標。反過來說，即使有豐富的知識，但若缺乏合適的思考方法，我們也無法讓知識充分發揮其潛能和作用。

而這都凸顯了訊息引擎思維方法和核心知識智能在問題解決中的不可或缺角色。這也強調了知識不僅是支撐思考的基石，更是實現各種目標和應用的關鍵要素。在這種背景下，當GPT 這樣的人工智能成為了知識智能的一個重要來源時，它將提供人解決問題，建構秩序的另一種途徑。

—— 3 ——
耗散結構與人問題處理系統的對應

人類透過處理訊息，結合主動思考和被動外部物質世界的資源，形成了一套問題解決系統的結構來創造秩序。這一過程與自然界中存在的「耗散結構」有著相似之處。耗散結構是開放系統，在遠離平衡狀態下自我組織形成有序結構的過程，這不僅發生在自然界，也可能適用於人的問題處理，建構文明的過程。研究這兩者之間的關係有助於我們深入了解秩序形成的多樣性和複雜性，並進一步探討心智與耗散結構之間的相互關係。

耗散結構理論

耗散結構，心物作用的減熵機制

熵被視爲衡量秩序程度的指標：熵值增大意味著秩序程度減低，而熵值減小則意味著秩序程度增高。根據熱力學第二定律，在自然狀態下，封閉系統的熵值會隨時間增加，導致存在的世界逐漸朝向混亂的狀態發展。好比生命在自然的情況下，不去管它，不吃飯，它就會死亡，死亡就是秩序潰散的結果。

然而，這樣一個趨向於混亂的世界中，耗散結構理論爲生命的秩序是如何形成提供了解釋。該理論指出，在特定的耗散結構機制下，生命能夠從環境中吸取資源，將其轉化爲有秩序的狀態，從而產生具有生命的實體。

換句話說，即使大自然整體趨向於混亂，但在某些特定條件下，秩序和生命仍能在這混亂中誕生與發展。這種現象不僅揭示了大自然的神奇之處，同時也加深了我們對生命本質的理解與認知。

耗散結構的定義

耗散結構理論是由比利時布魯塞爾學派著名統計物理學家普里高津（I.Prigogine）提出並創建。1969 年「理論物理學和生物學」國際會議上，普利高津發表了論文《結構、耗散和生命》首次正式提出耗散結構的概念。因爲創建耗散結構理論，普利高津榮獲 1977 年諾貝爾化學獎。

普利高津等人提出：一個遠離平衡的開放系統，在外界條件變化達到某一特定閾值時，系統通過不斷與外界交換能量與物質，就可能從原來的無序狀態轉變爲一種時間、空間或功能的有序狀態，這種遠離平衡態的、穩定的、有序的結構稱之爲「耗散結構」。

一個典型的耗散結構的形成與維持至少需要具備三個基本條件：

一、系統必須是開放系統，孤立系統和封閉系統都不可能產生耗散結構；

二、系統必須處於遠離平衡的非線性區，在平衡區或近平衡區都不可能從一種有序走向另一更爲高級的有序；

三、系統中必須有某些非線性動力學過程，如正負反饋機制等，正是這種非線性相互作用使得系統內各要素之間產生協同動作和相干效應，從而使得系統從雜亂無章變爲井然有序。

秩序狀態可允許某種程度的變異，然而當變異的程度差出了某個範圍之後，一種非線性的對稱破缺結構會引發新的秩序結構，這種對稱性破缺不包含在外部環境中，而根源於系統內部，外部環境只是提供觸發系統產生這種秩序的條件，所有這種秩序或組織都是自發形成的。（MBA 智庫百科，耗散結構理論）

負熵的流入到系統可以建構系統的秩序

熱力學第二定律只要求系統內的熵是正值，即 diS>＝0，然而外界給系統注入的熵 deS 可爲正、零或負，這要根據系統與其外界的相互作用而定。在 deS<0 的情況下，只要這個負熵流足夠強，它就除了抵消掉系統內部的熵產生 diS 外，還能使系統的總熵增量 dS 爲負，總熵 S 減小，從而使系統進入相對有

序的狀態。所以對於開放系統來說，系統可以通過自發的對稱破缺從無序進入有序的耗散結構狀態。

這正是耗散結構理論所描述的：在遠離平衡態的非線性開放系統中，有可能出現一個相對有序的新穩態。這不僅適用於物理和化學系統，也適用於生物、經濟和社會系統。這樣的理論對於理解自然界中的複雜現象，甚至是人類行爲和社會結構的演化，都有重要的啓示。

這也意味著，在一個開放的「訊息系統」中，通過外界（包括心靈實體和物質實體）的積極交流和互動，有可能形成一種更高層次的有序狀態或「穩態」，即便這個系統本身具有隨機性或不確定性。這爲我們理解如何通過有效的訊息處理和知識運用來達成更好的問題解決和決策提供了有力的理論支持。

問題處理系統的對應

耗散結構理論爲我們提供了一個框架，幫助我們理解從物理和化學系統到生物、社會乃至經濟系統等多種不同類型的系統是如何從無序或混沌狀態轉變爲有序狀態的。這通常發生在遠離平衡狀態的開放環境中，其中系統通過與外部環境交換物質和能量來維持自己秩序的存在。

這個理論對於理解訊息引擎和心物關係的複雜性同樣具有重要意義。類似於耗散結構，訊息處理或心智活動也可被視作一種開放系統，需要不斷地與外界交換訊息和資源。當達到某種「閾值」條件後，這樣的系統可能會從一個較低層次的有序或無序狀態過渡到更高層次的有序狀態。這爲我們理解心靈和物質世界如何共同進化提供了新的視角。

人、事、物組合而成的問題處理系統

人處理問題的系統稱「問題處理系統」，在這系統中，「人」代表解決問題的主要行動者，我們稱之爲主體。主體人的生存與生活需要一定的秩序資源來維繫，當提供給主體資源或功能的對象，其功能狀態與主體的認知產生差距時，就成了人必須要面對並解決的問題。主體的需求是問題處理系統問題的來源。

而所需處理的問題即是「事」，我們將其稱爲客觀系統，是人所需面對並需要處理的客觀事實。這種存在的客觀事實是系統性的，並非單一個體的對象。系統是指存在的實體與其周邊環境的互動關係。例如，人感到寒冷是受到周邊環境的影響，若無與環境的互動，人就不會感覺到溫度的變化。因此，問題不是單一個體所能獨立產生的。

可提供解決問題的資源稱之爲「物」。在問題解決的過程中，主體儘管擁有解決問題的想法，但需要外部資源的協助來實現。我們將這些外部資源稱爲「物」，又稱之爲客體資源。客體是對應主體的，表示這些資源是來自於主體自身以外獨立存在。

主體，也就是人，利用這些客體資源去建構一種解決客觀系統問題的關鍵資源。這個關鍵資源能否產生足夠的效用，去解決主體與客觀系統秩序落差認知的問題，這便是問題處理，也是客觀系統秩序建構的過程。

當這些因素結合起來時，就構成了一個問題處理系統的結構。這個系統是主體用來處理與自身生存相關的秩序問題，以維持主體自身的生存和生活秩序。

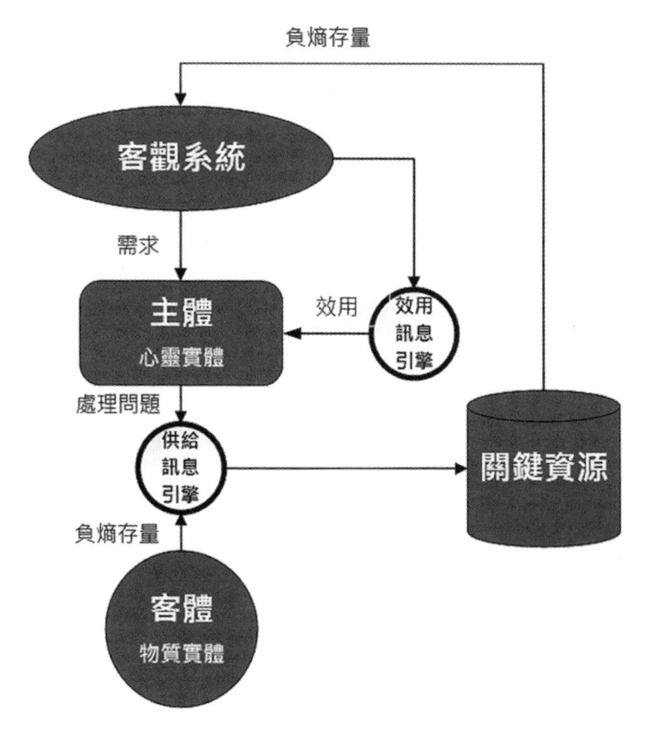

圖 11，問題處理系統的結構圖

總的來說，「人」、「事」與「物」這三要素共同構成了一個解決問題的系統。在這個系統裡，「人」利用各種客體「物」的資源來面對並解決「事」所帶來的問題。這個過程不僅僅是關於客觀系統問題的解決，同時也與客體「物」的資源供給息息相關。因此，問題處理系統本質上是一種耗散結構的客觀系統秩序建構機制，用以維護人自身的生存與秩序。

問題處理系統中主客體的心物關係

在問題處理系統的結構中，關鍵資源是指主體利用客體資源所建構出來的秩序實體。主體具有心靈實體的主動性，而客體資源則提供物質實體的功能性。關鍵資源便是主體的心靈實體與客體的物質實體透過訊息引擎的訊息處理所產生的具有功能作用的物質實體。

因此，主體與客體之間的關係可以被看作是一種心物之間的互動，這種心物互動是通過訊息引擎循環的運作來產生一個新的秩序實體。這個過程不僅涉及到物質層面的互動，也包含了心靈層面的認知與思考，進而構成了一個完整的問題處理和秩序建構系統。

問題處理系統是耗散結構

平衡點偏離

從耗散結構理論的視角來看，主體與客觀系統之間的對立實際上反映了系統平衡點的偏移。當這種對立狀態出現時，意味著客觀系統的秩序狀態已經偏離了主體所設定的平衡點，從而造成主體對其秩序狀態的預期出現落差。因爲這種平衡點的偏移，主體便有了解決問題的動機，並投入訊息處理所需的能量和資源。

當系統的秩序狀態偏離達到一定程度時，耗散結構的機制才會啓動。例如，當人沒有強烈的饑餓感時，他們不會急於進食，這是因爲在需求不迫切的情況下，投入的資源無法有效地建構出足夠的秩序。即便耗散資源，所建構的秩序也相對較少，秩序建構的效率較低，無法彌補在秩序建構過程中消耗的秩序度。只有當秩序偏離達到一定程度，訊息引擎的運作效率提高時，才能產生耗散結構的作用，即消耗資源同時產生新的秩序。

開放系統

問題處理系統是一種開放系統，能夠從外部引入訊息能量和實體資源。在這個系統中，思考做爲驅動訊息處理的能量，而實體資源則指那些具有負熵存量、能產生功能作用的實體。

在問題處理系統這個耗散結構的開放系統中，所謂交換的能量是指訊息能量，而非實體的熱能或機械能。訊息能量具有改變訊息狀態的能力，如人類的智能。同樣地，物質實體關鍵資源內在的負熵存量也是一種訊息能，具有類似的功能。因此，無論是人的智能還是物質實體關鍵資源的負熵存量，都可被視爲問題處理耗散結構系統開放系統中可引入的外部負熵的資源，進而建構系統的秩序狀態。

非線性機制

在問題處理系統的非線性機制中，供給的訊息引擎與需求的訊息引擎之間的關係能夠產生負向回饋機制，進而促成秩序建構的作用。在這過程中，供給訊息引擎創造出具有負熵存量的關鍵資源，而需求訊息引擎則從這些關鍵資源中提取有用的負熵存量，用於建構外部客觀系統的秩序。所謂的「需求的訊息引擎」是一種機制，它展現了主體如何透過訊息處理來獲得解決客觀系統問題的效用，這種效用主要用於建構外部客觀系統的秩序，而非主體自身的秩序。

供給的負熵存量與需求效用的取得形成了一個秩序建構的回饋機制。需求效用取得的多寡反映了關鍵資源供給的負熵存量在建構客觀系統秩序上的有用程度，有效的負熵存量才能夠改變客觀系統的秩序。而在這樣的循環之後，即客觀系統的實際秩序狀態與主體認知的理想秩序狀態之間的差距，構成了一種回饋機制，反映了系統偏離平衡狀態的程度，並決定是否需要進一步的訊息處理。而這回饋機制就是耗散結構的非線性機制，旨在使整個系統達到穩定的平衡狀態，以實現主體建構客觀系統秩序的目標。

耗散結構是人工智能的根本原理

在大自然中，耗散結構是秩序建構的基本原理，而生命的秩序正是耗散結構的一種體現。相對於此，文明世界的秩序建構則依賴於人意識訊息處理的思維能力。在物理世界中，秩序的建構是基於實體訊號的運作，而在思維層面，秩序則是基於抽象訊息的運作。因此，這個世界既有基於物理訊號處理的耗散結構，也有基於人訊息處理的耗散結構。

人的思維活動主要是進行訊息處理，以建構秩序。人類思維建構秩序的耗散結構，實際上是人類心智能力的體現。因此，能夠模擬人訊息處理並建構秩序的耗散結構的系統，才能稱得上與人智能相對等的人工智能。由此可見，人工智能的根本原則應該基於理解人類思考如何建構秩序的耗散結構。這就意味著，人工智能的發展與完善，需要深入理解人思維建構秩序的方式和原理。

｜第二部｜
智能的原理

— 4 —
智能的定義

人工智能領域的第一性原理需要在明確定義了什麼是「智能」之後才有意義。

智能是訊息處理和秩序建立過程中的關鍵部分，它在訊息處理中扮演著特定的角色。

智能可從兩個角度理解：一是做爲智能實體，如 GPT，能產生智能作用的實體；二是做爲改變訊息狀態的智能作用。

智能的廣義和狹義

智能的廣義定義

我們透過觀察到的智能行爲來認識智能的存在。例如，當我們說某人很聰明，或認爲 GPT 是一個具有智能的機器，這樣的認知源於它們能夠處理訊息，將訊息從不確定狀態轉換爲確定狀態。

智能的作用在於改變訊息狀態，這不僅是將訊息從從不確定狀轉換爲確定狀態，還包括將具體存在的實體轉換爲抽象概念，或將存在的多個實體統整成單一實體的作用。如此，我們將能使訊息狀態發生改變的作用，就稱之爲智能。

根據此定義，任何能使訊息狀態發生轉移的作用都可視爲具有智能。例如，椅子使人從站立的狀態轉爲坐著的狀態，按此定義，椅子也具有智能。因此廣義而言，物質實體的功能都可以視爲一種智能。

物質實體的屬性是功能，功能是物質實體內在負熵存量的外在表現。負熵存量是實體的一種性質，能與訊息產生互動，因此是實體的負熵存量讓訊息的狀態產生轉移，使訊息從一種狀態轉移到另一種狀態。如此，物質實體的智能與其負熵存量相關。負熵存量越高，物質實體能實現的功能越多，它對更多訊息狀態的轉移作用越大，我們就說它有較高的智能。

比如桌子、椅子或鉛筆，我們都可將它們視爲一種智能，因爲它們具有負熵存量，能執行特定功能，將訊息從一種狀態轉移到另一種狀態。然而，這些物質實體的負熵存量較低，功能相對簡單，屬於低度智能。

負熵存量是智能的量化

物質實體的功能是其內在負熵存量的外在表現，功能表現爲改變訊息狀態的智能，因此智能與負熵存量是對應的，較高的負熵存量產生較大的智能。負熵存量來自於訊息引擎循環的結果，因此物質實體的智能由訊息引擎循環產生的負熵存量所建構。負熵存量有對應作用的訊息溫度，有具體和抽象程度的差異。因此，物質實體的智能表現是其負熵存量與訊息溫度的對應，這樣的對應關係我們稱之爲智能轉換，從訊息引擎循環產生負熵存量的大小到智能程度高低的表示。

智能是物質實體功能的作用，智能程度表現爲物質實體內含特定訊息溫度的負熵存量大小，表示智能解決特定問題的能力。智能在負熵存量大小與訊息溫度的對應關係，我們稱之爲智能圖。我們可以透過智能圖來顯示物質實體智能特性的表現。

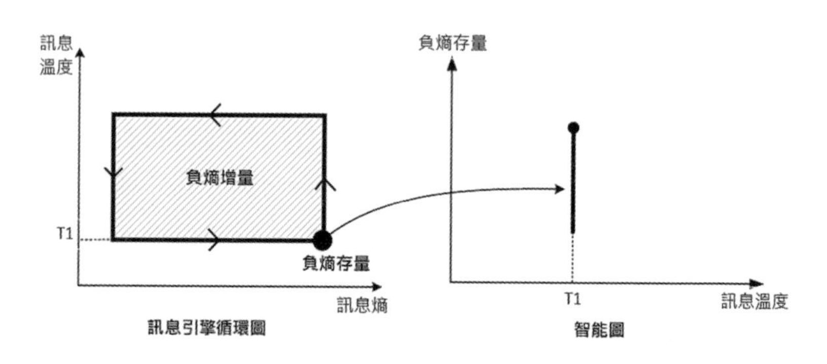

圖 12，訊息引擎循環圖與智能圖的轉換

不同物質實體的智能表現

物質實體的本質是秩序，其屬性則是功能。秩序程度的高低以負熵存量來表示，較高的秩序程度意味著較高的功能，能更深入地處理特定問題。當一個物質實體具備多種功能時，表現爲多種智力的統合，物質實體統合的功能越多，其智能程度越高。

例如，當一支手機除了基本的通話功能外，還結合了多種其他電腦的功能，這樣的手機被稱爲智能手機，是高智能的實體。

我們稱 GPT 爲一種人工智能，或稱其爲智能機器。智能機器本質上是物質實體，其主要功能在於產生智能。GPT 的智能特徵主要有兩個方面。首先，這個智能機器具有高度的智能，能回答各種不同的問題。其次，它生成答案的負熵存量，主要以抽象文字訊息形式表現。這意味著 GPT 智能來源的負熵存量是處於訊息溫度較高的抽象範圍。

一般物質實體的智能與 GPT 不同，例如飛機或手機，它們的功能主要表現爲執行特定具體的功能，如飛行或通話。而 GPT 的功能表現在語言文字的訊息處理。因此，GPT 與一般物質實體智能表現的區別在於，它們所產生智能作用的訊息溫度範圍不同。一般物質實體智能作用的訊息溫度範圍較低，而 GPT 智能表現的訊息溫度範圍較高，這是具體與抽象的區別。

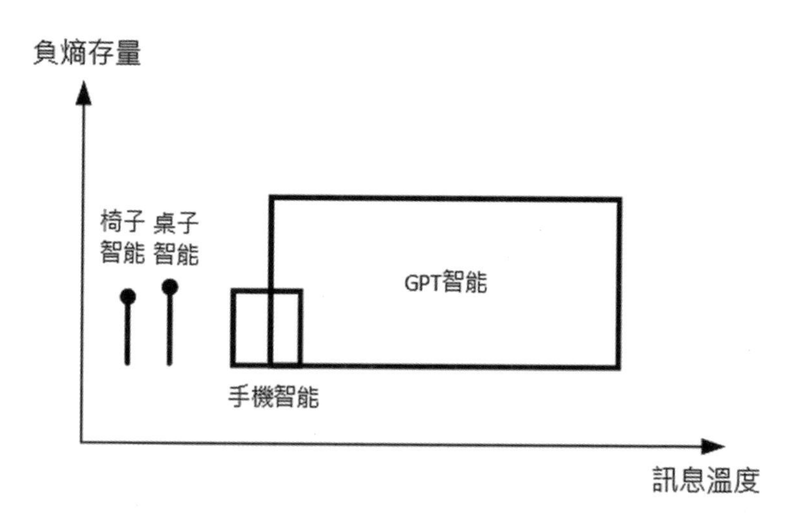

圖 13，物質實體的智能

智能狹義的定義

我們認爲物質實體具有智能的作用，這是因爲它們的功能擁有改變或轉移訊息狀態的能力。因此，從廣義上講，物質實體可以被視爲一種智能的實體；反過來，智能的實體也可以被理解爲一種物質實體。因此，廣義來說，智能的定義對應維物質實體的功能。

然而，在一般情況下，我們通常不會將一般的物質實體的功能視爲智能，主要因爲我們傾向於只將能處理語言文字訊息的功能視爲智能。由於一般物質實體無法處理人類的語言訊息，因此不被認爲具有智能。這是狹義智能的定義。

舉例來說，如果我們對一支鉛筆下達「站起來」的命令，傳達的是語言指令，但鉛筆無法處理這種語言訊息，也無法產生訊息狀態的改變，所以我們不認爲鉛筆具有智能。狹義智能要求實體能夠處理人類語言訊息的作用，因此只有能夠理解和轉換人類語言文字訊息的實體，才被認爲具有智能。例如，電腦能處理輸入的語言文字訊息而被認爲具有智能，智能手機因爲能接收和處理語言文字訊息而被視爲具有智能。GPT 被稱爲人工智能，是因爲它能像人類大腦一樣處理語言文字訊息並產生相應的語言文字回應。一般的圖像識別系統也被視爲人工智能，因爲它能將外在實體的訊號轉換爲人意識可認知的抽象文字訊息。

由於 GPT 具有雙向語言處理的能力，我們認爲它具有較高狹義智能的水平。

智能實體的智能程度

廣義來說，我們將物質實體當作可以產生智能的實體，但嚴格來說，我們只將能產生狹義智能的物質實體當作智能實體。

當一個智能實體具有高智能時，這意味著它具有更廣泛的應用範圍和更高程度的解決問題能力，能夠更深入地回答更多問題。應用範圍對應於智能的訊息溫度，而應用深度則對應於智能負熵存量的高低。一個實體的智能程度取決於其負熵存量對應的深度和廣度。範圍越廣、深度越深，該實體的智能程度就越高，能實現的功能也就越多，應用範圍也更廣泛。

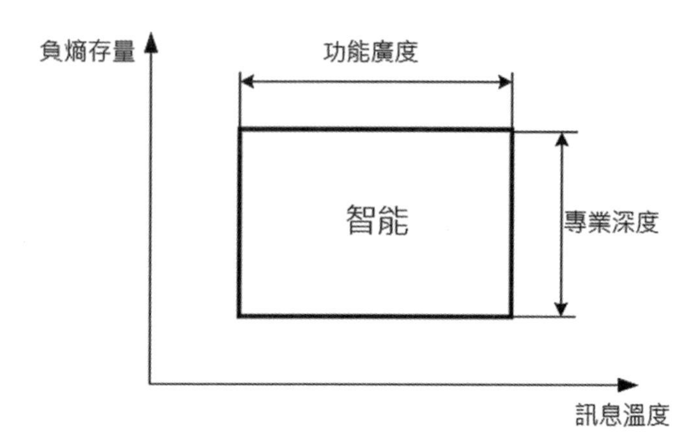

圖 14，智能的深度和廣度

人的大腦智能可以進行廣度和深度的擴展。廣度的擴展能使一個人變得博學，了解廣泛的知識領域；深度的擴展則能使一個人成爲某一領域的專家，深入研究並掌握該領域的專業知識。

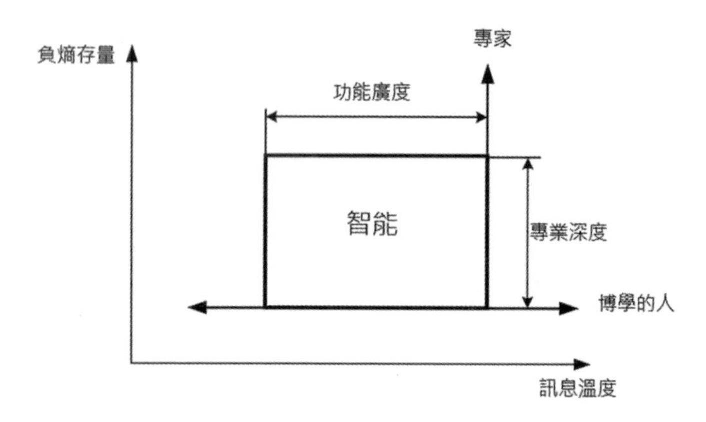

圖 15，人大腦智能的擴展

個人的智能很難涵蓋所有人類知識領域的範圍，所以它的智能廣度可能不及 GPT 的智能，但是人可以在知識的抽象程度上，或者是在特定領域的專業知識程度上超越 GPT 的智能，這是人類的智能優勢。

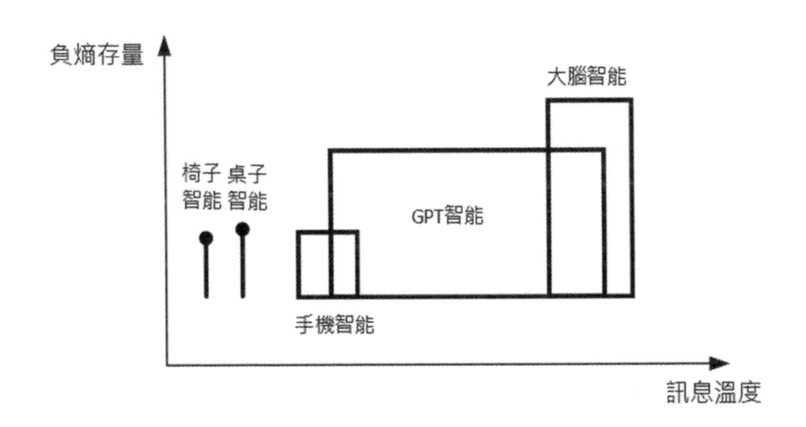

圖 16，人大腦智能與其他智能的比較

知識智能實體的智能高低

知識是由人所建構問題處理的系統模型，用來解釋現象背後的因果關係。知識是訊息的組合，包含負熵存量，知識解釋現象的功能即是其負熵存量的外在表現。知識功能越強大，意味著它能解釋的現象越多、越複雜，能整合更多的作用。知識的功能性越強，其所表現的智能也越高。例如，萬有引力定律的公式較簡單，其應用範疇也較有限，我們就不會認爲它是高智能的表現。相比之下，廣義相對論之知識能解釋的重力現象比萬有引力定律更多，提供更廣泛、深入的解釋，因此有更高智能上的表現。

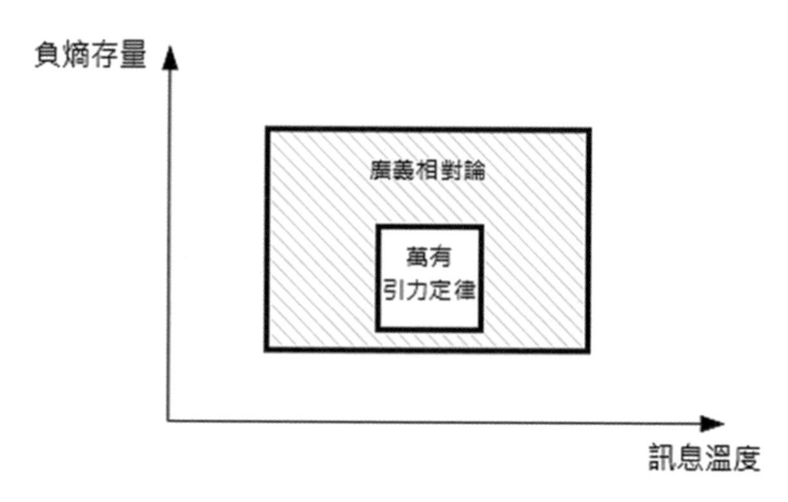

圖 17，不同知識智能的比較

智能是物質實體

當我們把智能實體當作物質實體，這意味著大腦心智的分離，我們不把大腦智能當作人意識心靈的一部分。心靈實體的屬性是創生，有自由意志，而我們如何認知智能不具備創生的能力，也無自由意志。是物質實體，而不是心靈實體。

智能實體不具備有自由意志

心靈實體具備自由意志，意味著個體能基於自己的意願進行選擇。以大腦智能爲例，它本身沒有自由意志，只是被動地根據意識的問題或指令提供答案。當人的意識發出梯形面積公式的詢問時，會有一個「上底加下底乘高除以二」的訊息流入至意識中，這是智能的一種反應。意識能提出問題，但無法控制得到的答案，智能不受意識的自由意志操控。而且，智能也不能按照自己的自由意志選擇提供的答案，選擇回答或不回答，它僅僅是基於其實體功能的被動反應。所以從本質上來說，智能是物質實體的一種表現，是功能的反應而非自由意志的產物。

智能實體的輸出彈性不是自由意志

其次，不同於一般物質實體之間一對一確定的功能對應關係，大腦智能展現出的作用具有輸出的彈性，允許相同的輸入產生不同的輸出。換句話說，即使問題相同，每次智能的輸出也可能不同，形成一對多的關係。這種輸出變異性可能會讓人錯誤地認爲智能具有自由意志。然而，這種彈性實際上源自於大腦神經網絡運作的特性，是一種源於神經網絡複雜系統的「涌現」現象。這種現象是人的意識心靈無法操控的，不是自由意志的操作。因此，即使大腦智能在輸入與輸出之間展現出關係的彈性，我們依然將其視爲物質實體，而非心靈實體。

答案的模糊性不是自由意志

大腦智能在生成答案時，其負熵存量具有一定的模糊性。

當大腦智能水平較高時，它能夠對問題給出具有高負熵存量的明確答案。相反地，當智能水平不足時，其給出的答案則可能模糊不清，屬於低負熵存量的輸出。這種模糊性所造成的負熵存量狀態變異，有時被錯誤地理解爲智能具有自由意志。但實際上，這是因爲智能中的信息量不足，因此只能提供較低負熵存量的可能答案。

例如，當我們詢問「什麼是智能」時，如果智能中存有確切的訊息，它便能提供確定的答案；若無確切答案，則可能給出一個模糊的回應。即使是這樣的不確定答案，也可能包含一定程度的負熵存量，能夠解釋問題的部分不確定性。

因此，智能的功能體現在它產生負熵存量的作用上。較高的智能有較高的負熵存量輸出，而較低的智能則有較低的負熵存量輸出。而這與一般物質實體不同，當物質實體的負熵存量不足時，其功能無法展現，不會有中間的模糊狀態。然而這種現象仍是屬於智能實體基於本身特性的功能表現，低智能的實體並不能依自由意志而有高智能的輸出，因此智能仍被視爲物質實體。

生成是智能產生負熵存量的過程，不是創生

當我們探討生成式 GPT 人工智能的作用，尤其是在進行創作性產出，如創作小說、文章、論文或進行藝術創作等方面時，這些生成行爲確實展現了智能輸出負熵存量的功能。然而，從「創生」的角度來看，GPT 的這些產出並不構成眞正意義上的

創生。

當我們談論心靈實體的「創生」屬性時，它意味著超越，超過原有的，達到更好的狀態。GPT 是生成式的人工智能，它所生成的作品或文章確實具有一定的負熵存量，表現出一定的功能。然而，這樣的生成僅僅是智能的表現。從結果的角度來看，它是智能實體負熵存量生成功能的一種應用，生成的負熵存量並無超越原本智能水準的負熵存量。而我們所說的「創生」是指它必須產生新的負熵增量，超越原本的智能水準。而因爲 GPT 不會自己越變越聰明，讓生成的作品質量越來越高，因此我們說生成它不是創生。

智能不能自己做創生，因此我們依然認定它是物質實體。

智能的訊息處理作用

智能是心物過程的中介

在探討從問題到答案的心物轉換過程中，智能扮演著關鍵角色。問題的提出反映了人的主觀性和內在心靈實體的自由意志，它通常包含了不確定性和主觀判斷。相對地，答案則展現了物質實體的特點，具有客觀性和確定性。

智能在這一轉換過程中充當中介者的角色。它能夠對問題進行解讀和處理，提供具體的客觀答案，從而將不確定性的問題轉化爲確定可以展現功能的狀態。這個轉換過程體現了智能在心靈實體和物質實體之間轉換的橋樑功能，這正是探討心物之間轉換關係的核心所在。

智能是改變訊息狀態的訊息能

訊息引擎的運作機制本身並無法對訊息分子的狀態進行任何的移轉。爲了改變訊息分子的狀態，必須有訊息能量的導入來實現訊息分子狀態的轉移，而這種訊息能量正是由智能所提供。

負熵存量做爲一種「訊息能量」，能夠導致訊息狀態的轉變。而產生「負熵存量」的訊息能量是智能實體一個重要的作用，這種能量作用於訊息，使訊息從一個狀態轉變爲另一個狀態。因此，智能在訊息處理和轉換過程中扮演著關鍵的角色。

訊息處理是心智的綜合，它的主動能力是思維方法以及思考行動的統合。思維方法對應訊息引擎的循環結構，而思考行動則是導入智能的過程，用以去改變訊息分子的狀態。

5
智能的度量和比較

我們如何判斷一個人是否聰明、問題處理是否有效率、答案是否有價值？這些都取決於智能實體智能程度的高低。因此，我們需要能夠衡量其智能程度的方法。

智能的高低程度可以通過智能實體提供的答案中的客觀信息量和負熵存量來評估。如果一個答案含有高的負熵存量，但提供有用的信息量少，充滿冗餘訊息，那麼這不被視爲高智能水平的表現。

以 GPT-3.5 和 GPT-4.0 這兩種智能實體爲例，我們可以通過它們對同一問題所提供的答案來衡量各自的智能程度。這種比較是可量化的，有助於明確區分不同智能實體智能水平的差異。

實體，客體和主體智能的區分

智能源自於各種不同智能實體的作用。在問題處理系統中，智能實體可以是主體、客體，或是關鍵資源，而其智能的類型也隨之有所不同。不同的智能實體擁有各自獨特的內在智能特質，並表現出不同的外在特徵。雖然我們很難直接了解一個智能實體的內在智能本質，但我們可以透過觀察其外在的智能表現來推測其內在的智能狀態。實際上，這正是我們用來認知和評估智能實體智能程度的方法。

智能實體的實體智能定義

智能實體是指能夠產生狹義智能作用的實體，即是，能對語言文字產生智能作用的實體。人們通過學習，將大量的外部知識和數據內化至自己的核心知識庫中，然後展現出其生成負熵存量的智能作用。核心知識庫內化的負熵存量越豐富，其智能作用就越強大。換句話說，智能實體的智能程度與其內含的負熵存量總量相關，而這負熵存量總量就是智能實體的實體智能。

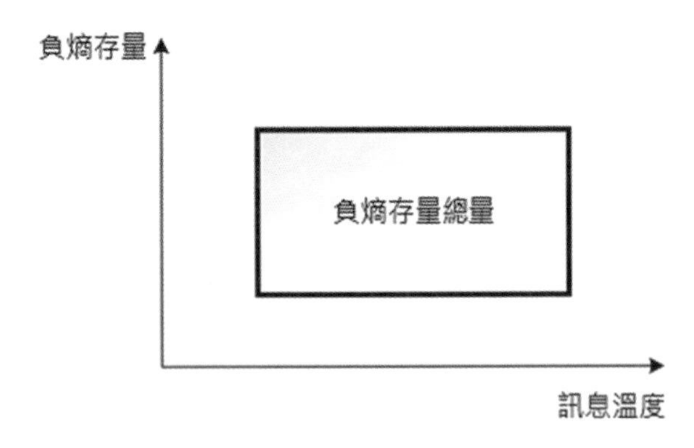

圖 18，智能實體負熵存量總量的實體智能

人有核心知識庫、Google 有資料庫、以及 GPT 有知識庫，它們各自展現不同智能程度的實體智能，都被視作智能實體。

智能實體與客體的關係

在訊息引擎循環過程中，主體展現其主動思考及提問的能力，而客體則扮演提供負熵存量客體資源的角色。主體的提問是一種主動能力的體現；相對地，客體回答問題則屬於被動能力。客體可以是內含核心知識庫的智能實體，它根據主體提出的問題進行解析，並從其核心知識庫中提取相應的負熵存量來回應，這一過程展現了智能實體以客體角色執行其智能功能。

客體既可以是智能實體，也可以是物質實體。無論是智能還是物質，它們都是客體資源，其差別在於所擁有智能的訊息溫度。智能實體是高訊息溫度的客體資源，而物質實體則是低訊息溫度的客體資源。

客體智能的定義，客體回答問題的能力

智能的作用體現在能夠根據所面臨的問題，從智能實體內部提取出解決問題所需的負熵存量。這一過程正是我們所稱的「客體智能」的作用。在這一過程中，主體提出問題，而客體則予以回應。做為客體的智能實體，其功能體現於應對主體的提問，從自身的智能中提取答案的負熵存量，以解決問題的不確定性。智能實體提供答案的能力，即為「客體智能」，是智能實體內在實體智能的外在展現。

客體的智能實體在問題處理系統中擔任提供客體資源的角色。它根據主體的提問需求，提供特定的答案。這些答案所展現的客體智能，與其智能實體內部的實體智能存在著區別。實體智能代表智能實體整體智能的客觀存在，而客體智能則反映了智能實體針對具體問題所展現的特定智能，它是智能實體之實體智能的一部分。

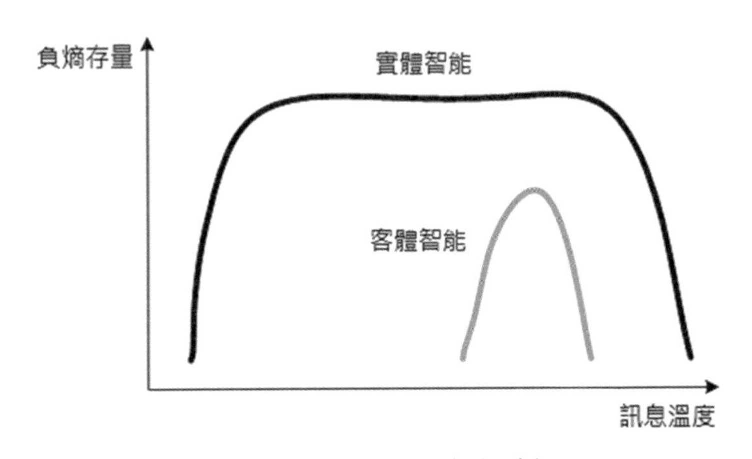

圖 19，智能實體智能與客體智能

答案是實體智能針對特定問題的反應。要全面評估一個智能實體的整體智能水平，我們需要通過提出各種不同的問題，從而全面了解該實體的整體智能。在這方面，考試是一種衡量實體智能的有效方法。

客體智能與實體智能之間的一個重要區別在於，實體智能是智能實體內部核心知識能力的客觀存在，本質上是一種靜態的負熵存量總量。相對地，客體智能則體現在智能實體動態生成答案負熵存量的功能上，這是一種針對特定問題的動態表現。

主體智能

要評估客體智能的高低，關鍵在於觀察客體所提供的答案中含有多少能解決問題不確定性的信息量，以及這些信息是否能有效地解決問題。答案中解決問題的信息量越多，則表明該客體智能所給出的答案越有效，智能程度越高。然而，如果獲取這些信息過於困難，即使答案中包含足夠的信息量，若其表達方式效率低下，使得主體需要花費較多心力來理解，這同樣不是良好的客體智能表現。因此，客體智能的高低主要體現在兩方面：一是答案中信息量的多少，二是主體獲取信息的容易程度。

而主體從客體智能提供的答案中獲取信息，以解決其所提出的問題。這種從答案中提取信息的過程是主體的作用，因此我們將主體從答案中提取信息的能力稱爲主體智能。主體智能與其訊息處理能力及核心知識能力有關，當主體能在較短時間內從答案中獲取完整的信息量時，則顯示出高主體智能的表現。

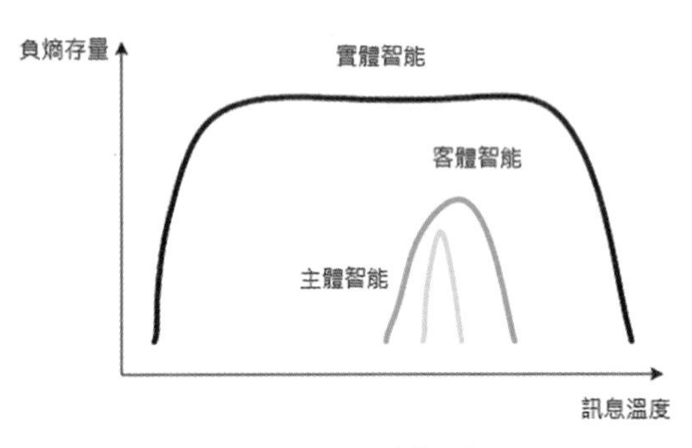

圖 20，主體智能

智能與智能作用體

對於一個問題處理系統而言，它包含三種智能：實體智能、客體智能，以及主體智能。這三種智能分別對應著智能實體、客體和主體這三種作用體。而它們各自所對應的智能性質分別是：實體智能的負熵存量總量，客體智能提供答案的客觀負熵存量，以及主體智能從答案取得的主觀信息量。

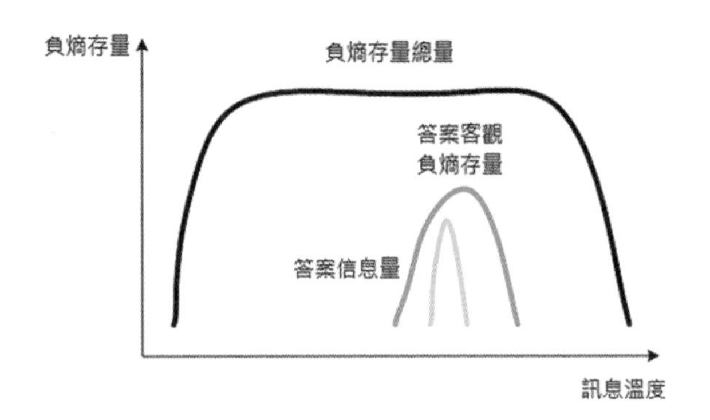

圖 21，智能實體的智能性質

客體智能的度量公式

客體智能的度量

我們無法直接認知智能實體背後的真實智能水平，因此必須依據其外在行為，特別是回答問題的方式，來推斷其內部的智能程度。換言之，對智能的評估基於智能實體在特定行為表現上的反應。智能實體的整體智力水平表現於其回答各種問題的能力。因此，我們所定義的客體智能，是透過觀察智能實體回答問題的外在表現來評估其內在實體智能的程度。

智能實體的外在表現與其回答問題的能力密切相關，涉及智能實體如何有效運用其內在智能來認知問題並給出答案。當我們評估客體智能時，實際上是根據客體給出答案的表現來判斷其智能程度。這反映了客體的訊息處理能力和核心知識能力，亦即該客體內在智能實體的智能水平。因此，客體智能實際上是對智能實體其實體智能的間接度量。

客體智能的度量，答案的冗餘度

客體智能的高低與主體從答案中提取信息的容易程度密切相關。客體智能所提供答案訊息的負熵存量大小是其訊息組合狀態的複雜程度。若答案中含有大量冗餘訊息；或答案本身複雜且涉及眾多相關因素；或者答案過於抽象，需要進行大量訊息處理來理解；這些都會導致答案訊息具有較大的負熵存量。負熵存量較高的答案，從中提取有用信息的難度也會相應提高。因此，我們將答案的負熵存量大小定義爲衡量信息提取容易程度的指標；負熵存量越大，從該答案中提取信息的難度也就越高。

例如，從 Google 搜索問題答案時，所得到的訊息量非常大，負熵存量高，從這些訊息中提取有用信息的困難度也較高。另一例子是，從消費者數據中提取有用的消費信息，由於數據量大，其負熵存量高，從中提取有用信息也頗爲困難。同樣地，廣義相對論是一個抽象理論，其負熵存量高，要從中提取有用信息亦不容易。

因此，我們將答案的客觀信息量與其負熵存量的比值定義爲答案訊息的冗餘度，是答案信息提取的難易指標，即：

答案訊息冗餘度＝答案客觀信息量 / 答案負熵存量

。這裡的客觀信息量指的是客體智能給出的答案中包含解決問題的信息量，而答案負熵存量則指的是答案總體訊息的負熵存量。答案訊息的冗餘度高，這個公式的比值數值低，意味著給出答案的智能實體表達效率低，客體智能程度低。

答案負熵存量代表答案整體訊息的負熵存量，然而不一定所有的訊息都是有用的，但都屬於整體負熵存量的一部分。即便是無用的負熵存量，這都是冗餘的訊息，都需要投入心力去處理。如果客體智能給出了過多無用的冗餘訊息，表示回答問題抓不到重點，這就是低度智能的表現。而用複雜理論解決簡單問題，投入的心力多但得到的有用信息量少，是訊息冗餘度高的情況，也是低度智能的表現。沒有冗餘度的答案則是答案的客觀信息量等於其負熵存量，訊息冗餘度等於 1，表示智能實體給出的答案訊息完全有用，是高度智能的表現。

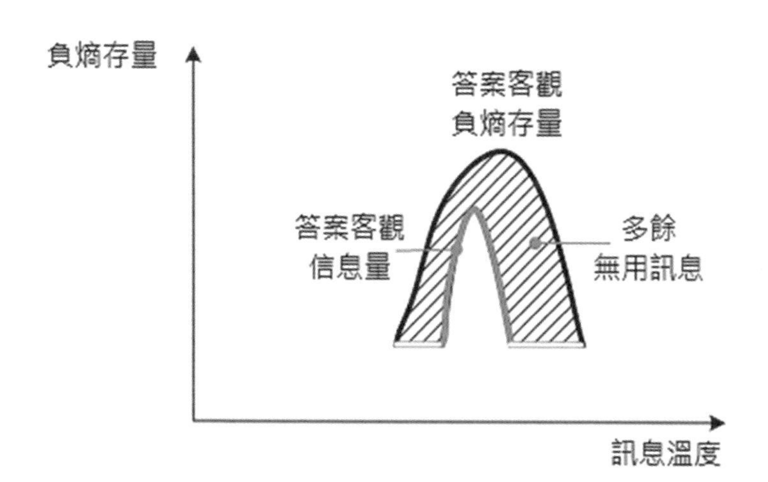

圖 22，答案訊息的冗餘度

客體智能的度量，答案的精確度

影響客體智能高低的另一重要因素是答案訊息的精確度，亦即答案中客觀信息量在解決問題所需完全信息量中的佔比。所謂完全信息量，是指完全解決問題不確定性所需的整體信息量。若此比值較低，則意味著答案的精確度不足，所提供的訊息無法完全解決問題的不確定性。

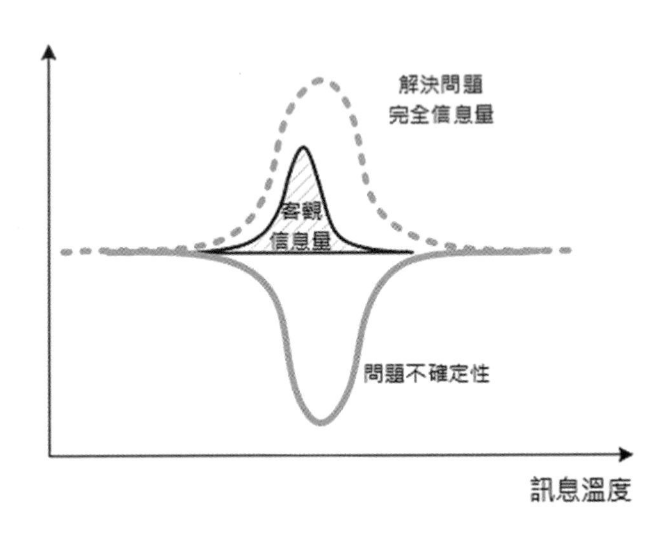

圖 23，答案訊息的精確度

例如，用擲骰子的結果來判斷丟硬幣是正面還是反面的問題，因爲該答案並未提供解決問題所需的任何信息量，因此這個比值等於零，顯示主體所得到的客觀信息量爲零，完全無法解決問題的不確定性。又如，若回答一個考卷問題所需的完全信息量爲一百分，但學生這個智能實體所能提供的答案客觀信息量僅有八十分，那麼其答案的精確度僅爲 80%有效。

因此，我們將答案精確度的定義爲：

答案訊息精確度＝答案客觀信息量 / 解決問題完全信息量

。

客體智能的度量，問題的複雜度

另外，客體智能的高低與其處理問題的複雜程度密切相關。例如，一個學生在一份簡單的考卷上得到一百分，我們並不會因此認爲他具有高度的客體智能。因此，客體智能的高低與解決問題的複雜程度有關。

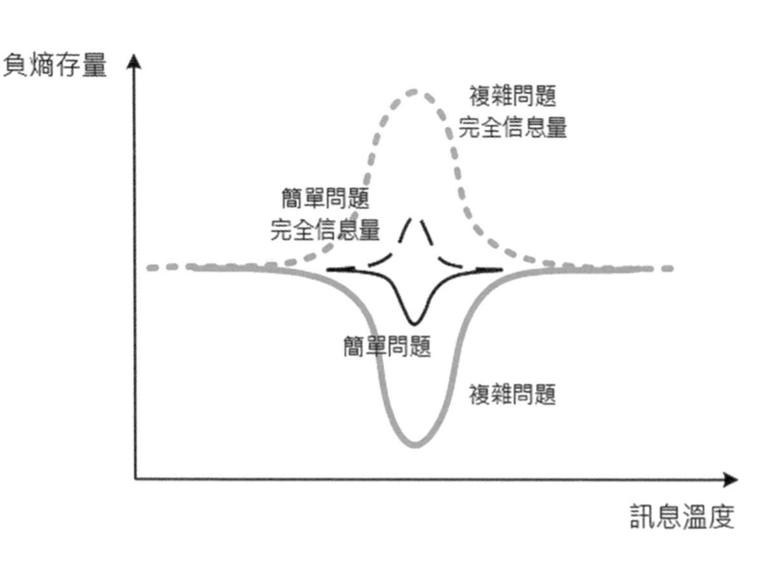

圖 24，複雜問題與簡單問題

當一個問題非常複雜時，這通常意味著該問題涉及許多相關因素和眾多可能的微觀狀態。舉例來說，生命被視爲一個複雜體系，維持生命功能需要大量的完全信息量。同樣地，若一問題具有高複雜度，爲了完全解決問題的不確定性，所需的答案同樣需要有大的完全信息量。困難程度高的考卷要達到一百分，相比於較簡單的考卷，所需的完全信息量更爲大。因此，我們透過完全信息量的多寡來衡量問題的複雜程度，問題所需的完全信息量越多，表示其複雜度越高。即，

問題的複雜度＝解決問題完全信息量

。

客體智能度量的智能公式

綜合考慮答案的冗餘度、答案的精確度和問題的複雜度等因素後，我們擬定出以下的客體智能度量公式：

客體智能＝問題的複雜度*答案精確度*答案冗餘度

$$= \text{問題完全信息量} * \frac{\text{答案客觀信息量}}{\text{問題完全信息量}} * \frac{\text{答案客觀信息量}}{\text{答案客觀負熵存量}}$$

$$= \frac{(\text{答案客觀信息量} * \text{答案客觀信息量})}{\text{答案客觀負熵存量}}$$

在此公式中，答案的精確度及問題的複雜度兩者的完全信息量會互相抵消。而這結果意味著在衡量客體智能的高低時，

只需根據智能實體所能產生的客觀信息量多寡來評估。換句話說，不論問題是簡單還是複雜，其對應的客觀信息量多寡直接反映了智能實體的智能水平。

因此，對於高複雜度的問題，如果答案所含信息量較低，我們不會認爲客體的智能實體具有高的智能。相反地，即使面對極爲複雜的問題，只要提供的答案含有足夠的信息量，即使答案不完全精確，該回答問題的客體仍然被視爲是高智能的表現。

從這個角度看，對於客體智能來說，一個好的答案的關鍵在於其產生的信息量多寡，因爲它對應著解決問題的程度。如果一個答案包含大量的信息量，這表明它具有一定的解決問題能力，我們便會認爲它是高客體智能的表現。

如何讓主體的客體智能度量從主觀趨向於客觀

從答案的負熵存量中提取信息量需要經歷一個理解的過程。當答案的負熵存量較大時，理解所需投入的心力和時間就會增加。如果在投入大量心力後獲得的信息量有限，則表示主體從該答案中提取信息的效率低。

對主體來說，從答案中提取有用信息需要主動進行理解，而理解的能力依賴於其核心知識和訊息處理能力。如果主體缺乏足夠的核心知識，並且訊息處理能力有限，則從客體所提供答案中提取信息的難度自然會增加，導致需要投入更多心力，而獲得的信息量卻較少。

換言之，需要付出較多心力來獲取信息量可能有兩種情況：一是智能實體提供的答案中負熵存量過高，含有太多冗餘訊息，需要更多心力去處理以獲取有用信息，這與客體智能在答案表達上的效率有關；二是主體自身核心知識能力不足，需投入更多心力進行訊息理解，這則與主體的智能水平相關。

因此，當理解答案所需心力過多時，可能反映了答案提供者的客體智能不足，或是主體自身智能的不足。而在衡量客體智能水平時，應儘量減少主體智能相關的影響因素。

對於具有完全知識能力的人的主體而言，他有完全的能力去取得答案完整的信息量，使信息量的取得不受主體主觀能力的影響。例如，老師在評閱考卷時，憑藉其完整的知識，能將自身的主觀因素降到最低，使得投入提取信息的心力代價主要反映答案的客觀智能因素。

GPT3.5 和 GPT4 客體智能的度量與比較

決定一個智能實體它的客體智能高低的方法，就是給它一個問題，如果這個智能實體所提供的答案，它有高的客觀信息量和低的負熵存量，那麼我們就說這一個智能實體它有高的客體智能。

GPT-3.5 和 GPT-4 客體智能的度量

認知 GPT 3.5 和 GPT 4.0 兩個智能實體智能高低的一個可

用的方法，就是讓 GPT 3.5 和 GPT 4.0 去參加考試，好比說參加美國律師的考試，然後用客體智能公式做其客體智能的度量，而認知到它們在特定專業領域的實體智能。而根據 OpenAI 所公佈的數據，GPT-3.5 在美國律師考試在滿分 400 分的分數是 213 分，而 GPT-4 則爲 298 分。而這律師考試除了有選擇題外，還有申論題。選擇題和申論題的答案形式不同。前者的答案訊息只有正確和不正確；而對後者的文字表達形式有更多的考量因素，好比表達訊息的冗餘程度，精確性，和看問題的觀點等，也有閱卷者的主觀能力。因爲智能表現的方式不同，因此我們針對這兩種試題的成績結果來對 GPT 的智能高低做個別的分析。

根據 OpenAI 的數據，GPT-3.5 在美國律師考試的選擇題部分的正確率爲 50%，而 GPT-4 則爲 76%。選擇題的成績占總體成績的 50%，而總分是 400 分，因此我們可以從總成績和選擇題的正確率去推論選擇題的分數，得到 GPT3.5 選擇題的分數是 100 分，而申論題的分數是 113；GPT4.0 選擇題的分數是 152 分，而申論題的分數是 146。

因爲選擇題的答案只有對或錯，閱卷沒有主觀因素，誰來閱卷都一樣，成績分數所顯示的意涵是 GPT 給出的客觀信息量，因此將這 50%和 76%的分數當作是考卷 100%分數完全信息量的客觀信息量。那麼兩者智能高低的比較，根據智能公式就可以計算比較出來。

GPT4.0 智能 / GPT3.5 智能 ＝（146*146）/（100*100）＝ 2.3104

。因此得到 GPT4.0 的選擇題客體智能是 GPT 3.5 客體智能的 2.31 倍。

而對於文字的申論題來說，考卷的成績是閱卷考官的主觀認知，而假設考官有絕對的知識能力，其主觀智能的認知能力趨近於完全智能，可以完全取得考卷的信息量和負熵存量。對於閱卷考官來說，他所給分數的高低有幾種考量。一個是要看答案是否正確，這是答案精確度的考量，也就是答案包含有多少解決問題的信息量。另外一個考量是，學生答題的方式是否能夠清楚地表達出自己的觀點，答案信息的讀取是否容易，這是答案冗餘程度的考量。所以考卷的分數成績包含了答案精確性和答案冗餘程度的綜合考量，因此考試的分數已經是考生客體智能的綜合衡量，而不單只是客觀信息量單獨的因素。如此對於兩者申論題的客體智能比較，

GPT4.0 智能 / GPT3.5 智能 ＝ 146 / 113 ＝ 1.3

。因此得到 GPT 4.0 在申論題的客體智能是 GPT 3.5 客體智能的 1.3 倍。

選擇題和申論題展現了兩種不同的智能形式，律師考試的成績是這兩種不同形式智能的綜合表現。

選擇題考試分數的平方是智能的對應

選擇題的答案是透過與標準答案的對比來確定其正確性的，這種正確性具有客觀性，無需經過閱卷者主觀智能的衡量。因此，選擇題答案所呈現的是客觀信息量，其作用在於解決問題不確定性的信息量。

考生的智能涉及精確度和冗餘度的考量。假設每份考卷答案所帶有的負熵存量相同，則答對和答錯所帶有的信息量不同，冗餘程度也會有所差異。

冗餘度指的是答案中有效信息量與整體答案的負熵存量之間的關係。如果答案中包含大量非正確答案的訊息，即無用訊息較多，則該答案的冗餘程度較高。因此，答對率爲 50%的答案與答對率爲 90%的答案，其冗餘程度會有所不同。

精確度則是指回答問題所需的信息量與完整回答問題所需的信息量之間的比值。因此，精確度和冗餘度代表的是不同的概念，需分別考慮。精確度關注於正確信息的獲得，而冗餘度則專注於非正確訊息或無用訊息的存在程度。

考卷答案的錯誤率可視爲冗餘度的一種表現。較高的錯誤率意味著答案中無用信息的比例增加。當考生投入大量時間和心力只是產出這些無用信息時，實際上是對智能的浪費，這對智能有負面影響。相較之下，正確答案意味著投入的心力成功轉化爲有效信息量，從而減少答案的冗餘訊息和提高答案的精確度。

因此，當我們將智能視爲精確度和冗餘度的乘積時，這意味著智能與信息量之間存在平方關係。在智能表現方面，選擇題的答對率越高，其相對的錯誤冗餘訊息越少。當這兩者相乘時，智能表現可能呈現平方速率的增加。換句話說，一個得分爲九十分的人與得分八十分的人之間的智能差距，不是 10%。事實上，它可能是達到 17%的差距，這表明前者的客體智能輸出上更爲有效率。

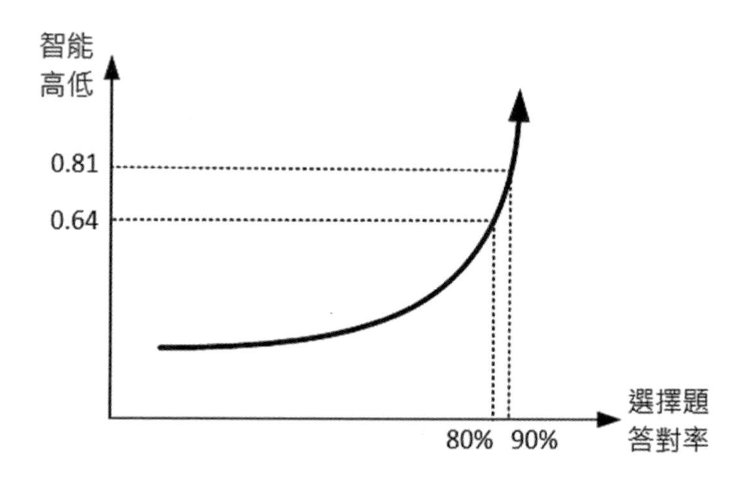

圖 25，選擇題的答對率與智能關係

6

智能傳導：智能阻抗匹配與智能傳導效率

智能傳導是關於訊息傳遞者與接收者之間最有效智能傳輸方式的探討，涉及智能阻抗匹配。若訊息傳遞者的智能輸出阻抗或接收者的智能輸入阻抗過高，將不利於有效的智能傳遞。以學習爲例，若接收者的智能阻抗太高導致傳遞時間過長，則無法在限定的時間內完成學習，等同於無效學習。因此，確保在有限時間內有效地傳遞智能，對訊息處理效率至關重要。

智能功率與客體智能

客體智能公式

$$\text{客體智能} = \frac{(\text{答案客觀信息量} * \text{答案客觀信息量})}{\text{答案客觀負熵存量}}$$

。這個公式表明，客體智能可表示為答案中客觀信息量的平方除以答案的客觀負熵存量。這個公式的形式與電能功率的公式

電能功率＝（電壓*電壓）／電阻

做了對應。其中客觀信息量對應於電壓，而客觀負熵存量則對應於電阻。

電能功率是指電流在單位時間內所做的功，或單位時間內移轉的電能。因此，當我們將客體智能公式視為智能功率的表示式時，這意味著智能實體的客體智能即是其智能功率的概念，即智能實體在單位時間內可以傳導出多少智能。

進一步而言，我們將答案中的客觀負熵存量定義為智能實體的「智能輸出阻抗」，將客觀信息量定義為「智能潛動勢」，而將客體智能定義為智能功率，則得到

智能功率＝（智能潛動勢*智能潛動勢）／智能輸出阻抗

。其中，智能潛動勢指的是所提供的答案有多少解決問題有用的信息量，信息量越大，答案越有價值，智能傳導的態勢越高，信息傳導的速度越快。而智能輸出阻抗則是指，這個答案信息量是從多大的客觀負熵存量取出，負熵存量越大，取出信息所需投入的心力越多，信息流動越困難，是高的智能阻抗，阻礙信息的傳導。

在不考慮答案接收端的主體因素，主體取得信息毫無困難，這個客體智能的智能傳導所流出的智能信息流定義為

智能信息流＝智能潛動勢／智能輸出阻抗

，代表智能實體單位時間流出的信息量。如此，

智能功率＝智能潛動勢*智能信息流

。因此客體智能對應智能的輸出功率，是以單位時間輸出的智能來做表示。這就表示說，一個高的客體智能，是它能夠在短的時間之內輸出多的信息量。這時這個智能實體的智能潛動勢要高，它的智能輸出阻抗要低，那麼才能夠在短的時間之內有大的信息量的輸出。

按之前 GPT4.0 和 GPT3.5 客體智能度量的比較，GPT4.0 的客體智能是 GPT3.5 的 1.3 倍。而當客體智能是智能的輸出功率，是單位時間的輸出智能，這時這個 1.3 倍它所代表的意涵是，GPT4.0 對問題的處理，提供完整信息的速度會比 GPT3.5 快 1.3 倍。

智能的傳導

在問題解決的智能傳導過程中，客體智能實體向提問主體傳遞答案的信息，而提問主體則負責接收這些答案的信息。因此，客體與主體之間建立起了一種智能的傳送與接收關係，一方是智能的發射端，另一方則是智能的接收端。換言之，客體智能實體對主體提出的問題所給出的答案擁有一定的負熵存

量，而主體在接收到這個答案後，它到底能夠從這個答案的負熵存量裡面取得多少有用的信息量，這就是主體和客體之間智能傳導的關係。

智能傳導線路圖

傳導是一個動態概念，智能傳導即指在單位時間內能夠傳遞多少信息量，這可以被理解爲智能功率傳導的概念。而它類似於電子電路中電能功率的傳遞方式。在智能的傳導中，我們將其分爲智能來源的客體輸出端和智能接收的主體輸入端，並將其組合成智能傳導線路圖。

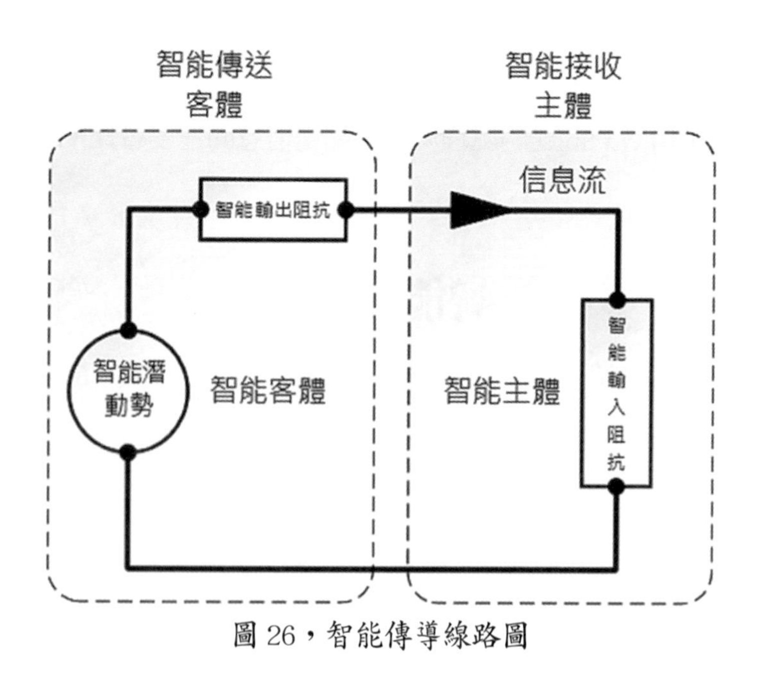

圖 26，智能傳導線路圖

智能傳導線路圖包括智能潛動勢、智能輸出阻抗和智能輸入阻抗。智能的功率如何有效被接收，則涉及最大智能功率傳導的概念。因此，智能線路圖的目的在於分析智能傳遞過程中各種動態因素的影響，包括輸出智能實體本身的特性及接收主體核心知識能力的差異。

在智能傳導線路圖中，流動的訊息分子攜帶著信息量，而其來源的整體信息量則被視為智能潛動勢，是推動訊息流動的原動力。

答案是由訊息分子組成，其秩序特徵稱為負熵存量，其中包含解決問題不確定性的信息量，是智能的來源。智能的傳遞依靠訊息分子做為載體，信息的流動即是信息流，其大小取決於訊息分子本身所蘊含的信息量。

智能輸出阻抗和智能潛動勢

從智能的輸出端來看，當客體智能實體提供問題的答案時，答案的整體負熵存量越大，從答案中提取信息就越困難，這增加了智能傳導的阻力。因此，我們將答案負熵存量的大小稱之為「智能的輸出阻抗」。智能輸出阻抗越大，信息的流動就越受限。而答案的負熵存量並不一定與解決問題的有效信息量相關，只有實際有用的信息才能產生智能傳遞的動力。客觀信息量，即解決問題的有效信息，被定義為「智能潛動勢」，它是推動信息流動的關鍵動力。智能潛動勢越大，推動訊息流動的能力就越強。

智能輸入阻抗

從智能的輸入端來看，「智能輸入阻抗」指的是主體對於傳導智能信息的擷取能力，其目的在於解決問題的不確定性。擷取信息的關鍵在於理解，如果主體無法理解答案的內容，則無法從中獲取信息，進而無法解決問題。因此，若主體能夠迅速理解並獲取信息，這表示其智能輸入阻抗低，信息獲取過程將更加順暢。相反，如果主體的核心知識能力不足或理解能力較弱，則表示智能輸入阻抗較高，這會使信息流動變得困難，導致完整獲取答案信息的時間拉長。

智能傳導的功率因數

智能傳導涉及到功率因數這一要素。即便所提供的答案訊息擁有豐富的客觀信息量，且接收主體具備足夠的核心知識能力去理解這些訊息，但若主體無實際需求，這些答案訊息便顯得毫無價值，也就不會產生智能傳導的作用。

這種供給與需求之間的不同步，類似於電能傳導中的功率因數概念。就像當電壓與電流相位不一致時，功率因數會較低。因此，當答案具有價值且主體有相應需求時，信息量有用，智能功率因數便高；反之，若答案雖有價值但主體無需求，則答案變得無用，功率因數也相應較低。

功率因數的高低，反映了客體答案的價值在多大程度上被主體所需求。

訊息傳遞「信息」或「智能」

智能傳導核心所涉及的問題是：我們究竟是在傳遞「信息」還是「智能」？

若我們傳遞的是信息，那其主要功能在於解決問題的不確定性。但若我們的目標是提升主體智能，則涉及到訊息智能的內化過程。這裡所傳導的訊息不僅包括解決問題的具體信息，還包括關於信息來源因果關係的智能。因此，明確區分「智能」與「信息」之間的關係變得至關重要。

以 GPT 爲例，當我們使用 GPT 時，是爲了解決特定問題，還是爲了提升智能呢？如果 GPT 提供了大量信息，學生可以直接從中獲取解決問題的答案，那麼學生利用 GPT 生成的答案來完成作業，這更多是關於解決問題的信息傳遞，而非其內在智能的提升。

因此，我們需要明確區分訊息傳遞的目的是傳遞信息還是智能。而需要強調的是，智能不僅包含答案信息，還包括其來源因果關係的綜合認識。因此，透過理解去認知其答案來源的因果關係，將訊息中的負熵存量進行內化，就是在進行智能的傳遞。

輸入智能阻抗低，無法提升智能

對於主體已經有經驗或理解的答案訊息，其智能輸入阻抗較低，因此獲得的智能較少。這就像當人感到饑餓時，由於人已具備處理這一問題的經驗，因此當大腦智能給出吃飯的解決方案時，主體能夠迅速理解並認同。在這種情況下，主體對於吃飯這一解決方案的智能輸入阻抗非常低。在此情況下，主體不會從這一答案獲得任何新增的智能，因爲這只是重複解決一個已經熟悉的問題。因此，這一答案訊息的傳遞僅僅是爲了解決問題的信息，並不能實質上提升個人的智能。

最大智能功率傳遞理論

學生做學習，而老師的知識傳授，這是老師對學生進行智能的傳遞。但有時會發生雞同鴨講，智能傳遞不暢的情況，學生無法理解老師所教授的知識內容，這就意味著老師與學生之間的智能傳導效率低下，進而影響學生的學習效率。這直接關聯到教師傳遞的智能潛動勢和智能輸出阻抗，以及學生的智能輸入阻抗等因素。

在理想情況下，主體的輸入智能阻抗會與客體輸出智能阻抗相匹配，這即意味著，客體的智能能夠完全傳遞給主體，稱爲「最大智能功率傳輸」。

答案的輸出阻抗涉及答案內在的因果關係。如果接收答案訊息的主體已經清楚這個因果關係，則其輸入阻抗低，這樣的因果關係智能不會被有效傳遞。反之，如果主體不理解這個因果關係，那麼對這一關係的理解便成爲最大智能功率傳輸的關鍵。進一步來說，如果主體對於答案所傳遞的訊息完全不理解，不清楚訊息元素的定義和作用，則需要對這些訊息元素進行更細節的解構，這表示主體的輸入智能阻抗高於答案的輸出智能阻抗，這種情況下也不是最大智能功率傳輸的狀態。

總之，爲了實現最有效的信息或智能傳輸，雙方的「智能阻抗」應該是相匹配的。這樣才能確保主體能夠最大限度地吸收和利用客體提供的信息或智能，從而達到理想的智能信息交流狀態。

有趣的議題不能太簡單也不能太複雜

因此，議題要想引起廣大群眾的興趣，這個議題必須具備一定程度的抽象性和複雜性，它不能是一個人一眼就能看懂且立即理解的概念。當一個人對某件事情缺乏了解時，他才會將其視爲有價值的知識來源。然而，知識的概念也不能過於抽象，以至於讓人無法理解。例如，像弦論這樣的理論，由於其過度抽象且超出了一般人的直觀理解範疇，使得智能輸入阻抗變得非常高。這樣的情況下，主體需要投入大量的時間來進行理解，因此這樣的議題也不太可能吸引大多數人們的興趣。相反地，如果議題過於簡單，人們則可能認爲這是他們已經知曉的知識，不需要再次學習，這樣的議題同樣無法吸引人們的興趣，也不會產生智能傳導的效果。

7
大數據的智能內化

生成式學習與監督式學習人工智能

生成式學習與監督式學習人工智能的智能特性

目前的人工智能主要有兩種智能形式：監督式學習和生成式學習，具有各自獨特的智能工作方式。

人工智能的監督式學習是一種機器學習方法，在訓練過程中，機器會透過分析這些標記過的資料來學習特定的模式。標記過的資料就好比標準答案，機器在學習的過程透過一邊對比誤差，一邊修正去達到更精準的預測。隨後，使用者根據這些調整過的模型，對特定目標進行識別。因此，監督式學習人工智能主要作用是從被辨識實體的訊號中提取有用的信息。例如，人臉識別系統就是一種基於監督式學習的人工智能，從人臉訊號中去提去有用的訊息，好比辨識的人臉是男生還是女生。

而人工智能的生成式學習則是另一種機器學習技術，它讓電腦能夠從未標記過的資料中學習模式，並根據這些模式生成新的資料。生成式人工智能可用於創造新的圖像、音樂、文字等創意內容。

生成式人工智能利用大數據資料建構能生成負熵存量的智能實體。其原始的大數據資料含有大量信息，但同時也伴隨著許多冗餘訊息，導致智能輸出阻抗較高，信息提取較爲困難。例如，Google 擁有龐大的大數據資料，但要從 Google 所搜索的資料中提取信息就具有一定難度。生成式人工智能的任務在於將這些龐大的數據整合並融合成一個智能知識庫，使之能有效提取有用的信息。GPT 便是一種生成式學習的人工智能。

儘管這兩種智能方法所構建的智能模型都是智能實體，且都能產生具有負熵存量的答案訊息，但它們在智能特性上存在著差異。監督式學習的智能提供的訊息明確、容易讀取，智能輸出阻抗低，但由於其答案受限於特定應用，智能潛動勢較低。相比之下，生成式人工智能能夠針對不同問題生成較大信息量的答案，其智能潛動勢較高，且信息可以輕鬆提取，輸出智能阻抗低。

監督式學習和生成式學習在所需的大數據資料量方面也存在顯著差異。監督式學習通常僅需要較少且特定的標定數據來實現其特定應用的數據模型，而生成式學習則需要龐大且範圍廣泛的數據資料來構建其知識庫。

監督式學習

監督式學習涉及到對實體進行命名的過程。我們知道，所有能夠被轉換成語言或文字訊息的實體，都是一種有秩序的實體，並具有特定的功能和作用。監督式學習旨在建立針對目標實體的數據模型，並將這個數據模型應用於識別過程。

監督式學習的目標是特定信息的提取，而其目的是將存在的實體訊號轉換成抽象的文字訊息。例如，當學生在街上遇到老師時，他能夠識別出老師，這是因爲他之前已經透過監督式學習，將人的影像與老師的形象建立了關聯。因此，當他下次看到同一個人時，便能迅速將影像訊號轉化爲關於老師的訊息。

監督式智能是人類的本能，每個人天生就具備識別不同實體的能力。這種本能使人們能夠辨別各種不同的事物，並爲它們賦予抽象的名稱訊息，以進到人的意識之中做訊息處理。在監督式學習方面，人的識別能力往往比一般的人工智能表現得更爲出色和高效。

監督式智能和生成式智能的作用

儘管生成式與監督式人工智能之間存在著顯著的智能特性差異，但這兩種類型的智能對於人類處理信息都是不可或缺的。監督式學習的智能主要用於實體的識別，其目標是將實體的訊號轉換成抽象的訊息。而生成式智能的主要任務則是處理這些抽象後的訊息，以產生新的答案訊息，處理問題的不確定性。因此，監督式學習只是訊息處理過程中的第一步，其後的問題處理則需要生成式學習的智能來完成。

智能來自於數據的內化

智能來自於有價值大數據的信息

智能實體的建構過程需要通過大數據資料的內化來實現，而智能水平的高低與來源大數據資料的品質密切相關。資料品質不佳將直接影響智能實體智能的養成。教育是人類智能養成的一個重要過程，可以將其視爲一種大數據內化成智能的過程。人們每天接收各種訊息，這些訊息的內化過程構成了他們核心知識庫的一部分。然而，如果這些數據資料品質存在問題，則會影響人的智能養成，導致無法生成高品質的答案。

GPT 的智能源自於大規模數據資料的訓練。這些數據中包含著各種信息，人工智能的智能構建過程即是對這些信息進行整合，去除冗餘訊息，降低整體智能的輸出阻抗，從而使智能能夠有效傳導。因此，要提升 GPT 知識庫的智能潛動勢，所提供給 GPT 訓練的原始數據必須具有良好高信息量的資料品質。

垃圾進，垃圾出

在人工智能領域中，有一個基本的原則：「垃圾進，垃圾出」。這意味著，如果沒有高價值的數據資料進行訓練，則無法產生有價值的答案。換句話說，訓練資料中缺乏的信息，用這些數據資料所訓練出來的人工智能知識庫也將缺少這些信息，它就無法憑空生成出這些缺少的信息來回答問題。缺乏信息的答案無法有效解決問題，成爲無用的訊息。

因此，如果大數據中的信息量很低，經過智能工具處理後，智能實體的智能水平也無法有效提升，無法有效地提供解決問題的答案。

數據資料價值遞減的邊際效應

另外，當新的大數據訓練資料在信息量方面與原有知識庫相比沒有顯著提升時，這樣的數據訓練將無法有效提升智能實體的智能水平。

換句話說，爲了支持智能的構建，必須提供具有更多內在信息量的數據資料，這些數據資料的信息量需超越原有知識庫。如果新數據的內在信息量與原有知識庫相比沒有顯著增加，那麼這些數據資料將是無效的，無法用於提升智能實體的智能水平。

從無到有的智能構建過程中，初始的數據對智能來說具有豐富的信息量，是有價值的資料。然而，隨著智能實體的智能提升到一定程度，新數據資料的信息價值就會逐漸降低。這種數據資料價值邊際效應遞減的現象，將限制人工智能在實體智能提升的潛力，這是人工智能其智能程度提升過程中需要考慮的重要因素。

人如果不聰明，人工智能就不可能聰明

我們知道，一個智能實體的客體智能表現主要由兩個方面構成：智能潛動勢和智能阻抗。智能潛動勢是衡量智能實體能夠提供多少解決問題不確定性的信息量，這種信息量通常是人在成功解決問題後才能擁有的。因此，只有當人具備有解決問題、建構信息量的能力，也才能透過增加新信息量的方式來提升人工智能實體的智能水平。相對地，人工智能並不能主動解決問題或自行產生新的信息量，其智能的提升主要依靠降低答案訊息的智能輸出阻抗來達成。

以 GPT 爲例，其核心知識庫內的信息是基於人對問題處理結果匯總大數據資料的內化。若人未能提供有價值的大數據信息，GPT 所外化的知識庫智能水平將受限。而當我們向 GPT 提出一個它不熟悉的問題，GPT 所提供的答案將無法包含相關的信息，而顯示出低智能的表現。

例如，詢問 GPT 什麼是「智能潛動勢」，這是一個新的知識概念，而 GPT 的核心知識庫中沒有此信息，那它給出的答案將不包含相關信息內容。同樣地，對於「智能」的定義，由於人對「智能」有不同的理解，這個領域充滿爭議，導致相關知識的信息量較低，因此 GPT 內建智能對此相關問題所給答案的信息量也會低。

雖然我們說人工智能能夠產生智能，但其實它產生智能的

主要因素是降低原始數據資料的智能輸出阻抗，進而提高整體答案客體智能的水平。由於訊息的信息量基本上是由人們對問題解決結果所決定，因此要通過提高客觀信息量來提升智能，只有人能夠做到這一點。如果人們的智能水平不高，GPT 的智能水平也難以通過提高信息量而提升。

這突顯了人與 GPT 人工智能在角色上的差異。在信息提供方面，人的角色依然是不可或缺的，因爲只有人能夠產生解決問題所需的信息量。此外，這也表明，在使用 GPT 時，如果人無法有效地利用 GPT 的智能來產生更多新的信息，那麼 GPT 的智能就無法進一步提升。

因此，所得到的結論是，人需要變得更聰明，才能使 GPT 變得更加聰明。

智能生成數據的自我反饋不會提升智能

如果生成式人工智能用於解決新的複雜或陌生問題，當這些問題一旦得到解決，就會產生新增的負熵存量，從而提升知識庫的智能，這種情況被認爲是一種創生。

如果我們認爲生成是一種創生，那麼意味著智能生成的負熵存量能夠產生原本智能所沒有新的信息。這樣 GPT 就可以利用自己生成的數據做爲大數據資料，來訓練提升自己的智能。然而，實際上這是不可能的，這說明人工智能沒有辦法用自身生成的負熵存量來提升自身的智能水平。GPT 的生成不是創生。以 GPT3.5 到 GPT4.0 的智能提升爲例，其提升是基於更大量新的大數據訊息訓練後的結果，而這些數據的來源是基於人類處理過問題之後的信息，GPT 本身並不能用自己生成的資料做爲訓練數據，自行提升智能。

將生成的答案結果直接反饋給 GPT 的智能，並不會使其智能水平變得更加聰明。這樣做可能導致知識庫中新增更多冗餘訊息，其智能生成機制可能會受到削弱，甚至有可能讓智能變得更加笨拙。

智能工具降低智能阻抗的作用

人工智能工具提升智能的作用在於降低數據資料的智能阻抗，使得答案能夠並以更清晰的方式來呈現。這樣一來，使用者就能更有效的提取信息。

人工智能實體降低大數據智能阻抗的作用

人工智能能夠高效處理大量且複雜的數據，識別其中的有用訊息，並以人類容易理解的形式（如文字、語音、圖像等）進行輸出。這種高效的訊息處理和輸出能力，有效地降低了人們在解讀和應用這些訊息時所需的心力和時間。因此人工智能在訊息處理方面的應用，能夠在一定程度上降低訊息的「智能輸出阻抗」。

當人類面臨大量和複雜的訊息時，通常會遇到高智能輸出阻抗的問題。這是因爲人的訊息處理能力有其限制，從繁瑣的數據中提煉出有用的信息並非易事。而人工智能之所以能發揮作用，是因爲它能快速且準確地分析這些複雜的訊息，從中提取出有價值的信息，並大幅降低整體資料的智能阻抗，使得人們可以直接利用這些經人工智能處理過的訊息，而無需花費大量精力進行人爲的訊息處理。如同人工智能在癌症腫瘤影像識別中所做的，它給出癌症有或沒有，大小，位置等訊息，大幅降低了原始檢測照片訊息的智能輸出阻抗，讓其內含的信息更易於提取。

這不僅提升了訊息的可用性，也使得人們能夠更快速、更準確地做出決策或進行其他後續的訊息處理。從智能公式的角度來看，降低智能輸出阻抗，即提高了整體訊息的客體智能。

智能工具與智能實體

我們必須明確區分智能實體和智能工具之間的差別。當我們討論人工智能降低大數據的智能輸出阻抗時，這一點需要從兩個層面來理解。一方面，人工智能做爲處理大數據資料的工具，當大數據資料經過整合後成爲知識庫，將提高智能實體的智能程度，使其能夠輸出更清晰精確，智能阻抗低的答案訊息。另一方面，我們所觀察到的人工智能輸出低智能阻抗答案的作用，實際上是人工智能實體的智能表現。

例如，在進行影像識別的場景中，人工智能透過監督式學習從輸入標記過的大數據中外化出一個可識別標記影像的智能實體，以執行影像識別的功能。這一識別功能執行的過程實際上是輸入要辨識的數據，經過智能實體，而輸出低智能阻抗的識別答案，使得從被辨識資料中提取信息變得更加的容易。這監督式學習的人工智能包括智能工具和智能實體作用兩部分，前者建構智能實體，後者產生智能作用。

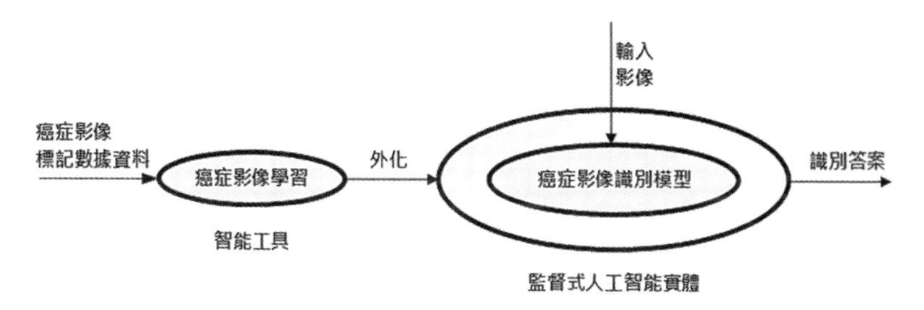

圖 27，監督式學習人工智能的智能工具與智能實體

而生成式人工智能則通過智能工具整合原始大數據建構一個知識庫的智能實體，從而能根據問題生成出低智能阻抗的答案。一樣有智能工具和智能實體兩部分。

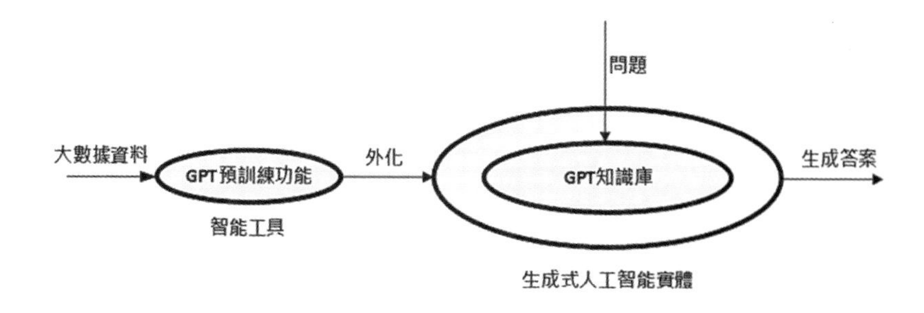

圖 28，生成式人工智能的智能工具與智能實體

因此，智能工具處理數據資料所建構智能實體的辨識模型或知識庫，會使得智能實體能夠展現輸出低智能阻抗訊息的作用。對於處理問題的主體而言，由於原始資料存在有大量的負熵存量，從這些資料中提取有用信息會遇到高智能阻抗的挑戰。然而，經過客體人工智能工具的訓練學習處理之後，這些數據中的信息變得容易提取，展現出低智能阻抗，高客體智能的特點。人工智能是透過輸出低智能阻抗的訊息來表現其智能的作用。

—— 8 ——
信息量增益的實體智能

實體智能，信息量增益

智能的多重性

我們將能夠改變訊息狀態的作用定義爲智能。在智能的眾多形式中，將問題轉化爲答案的智能便是其中一種。信息量是對應這種問題到答案訊息狀態轉換的智能形式，其智能的高低可由信息量增益來衡量。信息量增益是指智能產生信息量的能力，智能有高的信息量增益，意味著它能有效地將問題做答案直接的轉換，從而顯著提升解決問題的效率。

人養成的智能中有一種是問題處理的經驗，或是對知識因果關係來源的理解。當它們內化爲智能，因爲它們有問題和答案之間因果關係的連結，知道答案是用來解決什麼樣的問題，中間有什麼樣的限制條件。而當這些過程都是已知，就不需重複，因此就成了問題到答案直接對應的智能。如此，碰到問題，直接生成答案解決問題的信息量，而我們就將這種智能形式稱之爲信息量增益。

信息量增益是智能功率的對應

信息量增益也可以理解爲智能實體在單位時間內產生信息量的能力。如此，信息量增益的智能對應了問題處理的速度。智能本質上可以是一種信息量的生成器，智能程度與信息量增益之間存在對應關係：智能越高，信息量增益越大，意味著能夠在更短的時間內生成解決問題的信息量，問題可以很快被解決。問題處理投入的心力對應著訊息處理的時間，如果信息量增益大，就可以用少的心力把問題做處理。

信息量增益體現智能實體的智能特性

信息量增益反映了智能實體的特性。智能實體無法擁有解決所有問題的能力，而是在某些特定領域擁有專長。因此，每個智能實體對於不同問題的處理能力也會有不同的信息量增益。

處理不同類型的問題需要不同訊息溫度信息量增益的智能。信息量增益的智能有相對應的訊息溫度，它代表了信息量的訊息是偏向抽象還是具體。例如，哲學問題屬於抽象類型的問題，需要有訊息溫度較高的信息量增益智能來加以處理。

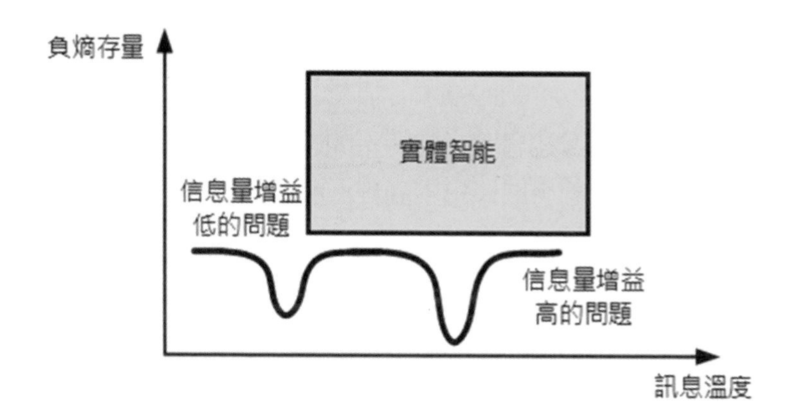

圖 29，客體智能訊息溫度對應的信息量增益

這個增益與訊息的冗餘程度密切相關。也就是說，當智能實體提供的答案包含過多的冗餘信息時，其智能增益就會減小。例如，一位哲學家在處理工程學問題時，由於缺乏直接的知識和經驗，所給出的答案可能包含大量非直接相關的信息，因此對應的信息量增益較小。

GPT 直接給出問題的答案，這是高信息量增益的表現。相比之下，Google 給出的答案往往包含了過多非直接針對問題的訊息，這部分訊息需要被進一步理解，需要額外的心力投入，從而降低了信息量的增益。這也是 Google 信息量增益不如 GPT 的一個原因。

信息量增益是客體智能的體現

客體智能本身可被視爲一種智能功率的概念，即在單位時間內能夠輸出多少解決問題的信息量，換言之，就是信息流量。當客體智能在單位時間內輸出的信息量越多時，其信息量增益也就越高。這種增益專門指向特定問題的處理能力，對於不同的問題，智能實體會展現出不同程度的客體智能反應，這與智能實體的信息量增益特性緊密相關。

信息量增益的概念是對實體智能特性的一種評估，而客體智能所應對的是特定的問題與特定的輸出結果。客體智能程度的高低，是因爲其對應的實體智能具有高信息量增益。簡而言之，客體智能是智能實體對外表現的一種形式，而信息量增益則是其智能實體的內在特質。

外在智能實體的信息量增益不能直接轉換

我們進行知識學習，或累積特定問題的處理經驗，其目的是提升特定問題的信息量增益。問題處理和知識學習是在探究問題對應答案來源的因果關係，釐清問題與答案之間的聯繫。一旦理解和經驗形成後，問題與答案便能直接對應，無須中間理解過程心力的投入，這正是信息量增益的關鍵觀念。

信息量增益是一種基於經驗的智能，它意味著對因果關係的忽略。然而，忽略並不表示不需要，而是因爲已經有理解或經驗，因此不必再經歷相同的過程，直接將答案應用於實際的使用。但如果不理解或沒有相關的經驗，問題和答案就不能直接對應，否則會有風險的存在。這就好比外在的 GPT 智能實體提供的答案忽視了來源因果關係的訊息，而當使用答案的主體缺乏相關經驗或理解，那麼 GPT 給出的答案基本上無法被直接使用，否則可能帶來失誤的風險。

因此，外在智能實體所提供的知識或答案不能直接轉化爲主體人自身的信息量增益，中間需要經歷理解的過程。理解是在建立問題和答案之間因果關係的聯繫，將外在的客體智能轉換爲內在信息量增益的智能。

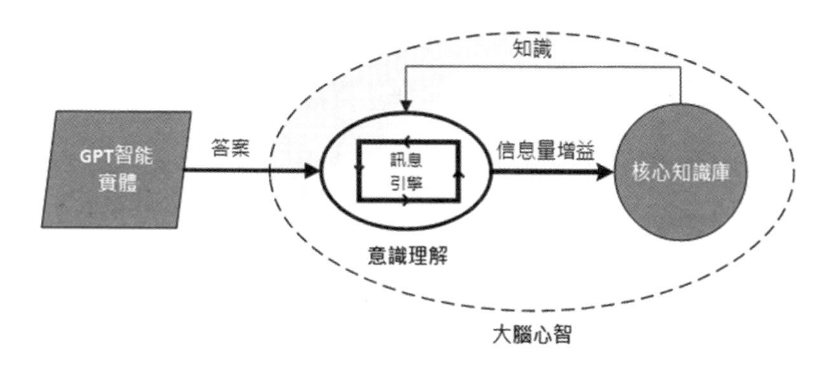

圖 30，外部智能轉換爲內在信息量增益的智能

— 9 —
智能的外化和移轉

人類通過學習將外部知識和問題處理經驗內化而形成人的大腦智能，大腦智能是獨特且無法直接移轉的，人死後這些智能也消失。然而，GPT 的出現改變了這種狀態。

做為一種人工智能，GPT 能夠將大量數據資料外化為它的核心知識庫的智能，而這種外化的智能是數位化的，能夠被移轉或與其他外化的智能做整合，形成更大的智能。人類智能的外化、複製和移轉將加速人類社會和企業的演化，這將對人類演化進程產生廣泛且深遠的影響。

外化的 GPT 智能

智能數位化對人類的意義

被譽為人工智能教父的辛頓教授在接受 BBC 專訪時，對於 GPT 人工智能發展表達了兩大顧慮：首先，GPT 可能會製造假新聞；其次，GPT 可能會變得比人類更聰明。然而，他認爲最應該擔心的還非這兩點，而是人類的智能可被數位化的觀念。這種數位化涵蓋兩層含義：其一，人的智能能夠被外化；其二，人的智能能夠被複製。一個人一旦理解或創新了某些事物，這個知識經過外化就能夠同時傳遞給許多其他的人去使用。

他指出，正在開發 GPT 的智能與我們人所擁有的智能是完全不同的類型。我們是生物系統，是類比的智能，而 GPT 的智能是電腦系統數位化的智能。數位化的智能，擁有數位的權重副本和模型副本，所有的副本都可以單獨學習，並立即分享它們的知識。這好比有一萬個人，只要有一個人學到新的知識，那所有的人都會自動知道。任何人的知識都可以分享給 GPT。這就是爲什麼 GPT 的智能機器人比任何人都知道的多。

這種數位化的趨勢對於我們的社會，尤其是對教育和勞動市場，產生了重大的挑戰。當智能可以被複製和分享時，我們該給孩子們什麼樣的教育？該教導他們那些技能才能在未來的世界生存？對於勞動市場來說，當智能的外化和複製導致智能的商品化，也就是智能可以被買賣，可以被移植時，那些依賴智能生存的人應該如何應對？

GPT 的最大衝擊，人類的智能可被移轉

GPT 的數位化智能帶來的一個最重要的影響，就是人類的智能可以移轉。也就是說，GPT 能夠把一個人的外在行爲，他所獲得的知識，以及他在與外界互動的訊息處理，以及通過文

字或語言所表達的思辨創作，所有這些訊息都進行整合，形成一個數位的核心知識庫，而這就是人類智能外化的概念。這與人內化智能的概念相對應。人在處理問題的過程中，他的任何表達，任何思考，以及他在處理問題的辯證過程中產生的負熵存量，都會內化成他大腦的核心知識庫的智能。而 GPT 則是把這種智能外化了。

因此，在 GPT 之後，人在問題處理的過程中會產生了兩種形式的智能。一種是大腦內化的智能，這是與個人的知識學習和問題處理經驗有關的；另一種是 GPT 外化的智能。當我們透過電腦處理問題時，所有的問題處理訊息都會被儲存在電腦的數據庫中。這些數據和訊息經過 GPT 的轉換之後，就形成了另一種形式的個人外化知識庫。這就相當於把我們原本內化在大腦中的核心知識庫在外部的電腦上複製了一份。人類大腦中的知識本來是無法複製的，父親的智能沒辦法複製給兒子。但經過 GPT 的轉換，我們的內化核心知識庫被數位化，使我們在訊息處理過程中累積的知識可以被移轉。

個人核心知識能力的外化和複製

因此，未來一個人的智能到底達到了什麼程度，可以通過這個被複製的外在核心知識庫來驗證。外人只需要向這個外化知識庫提出一個專業問題，或是一個實際需要處理的問題，或是要求他製作一份投影片，然後從這個問題的答案中，他可以看到答案的邏輯性，內容的獨創性，訊息的完整程度，驗證他的客體智能。由這個客體智能的反映，就能知道這個人的訊息處理能力和核心知識能力的水平。

當個人可以提供高品質的數據資料，個人智能的外化，可以藉由小型化語言模型技術和 AI PC 人工智能邊緣運算的概念來實現。所有個人的智能，可以用個人電腦來外化和儲存，而不需要把所有的資料都送到雲端去處理，這樣子既可以保護個人的智能創作，也可以把個人智能做有效的應用。而外化的智能在未來也可以做複製，移轉和統合，或許以後父親的智能也可以移轉給兒子，兒子就可以繼承父親的智能往前繼續做發展。

知識庫與資料庫的區別

原始資料和 GPT 外化知識庫的比較

企業要強化其核心競爭力，外化的核心知識庫扮演了至關重要的角色。而其首要條件便是企業資料庫的資料必須是完整的。這些資料往往源自企業在過去的發展歷程中所累積並保存下來的有用訊息。當這些資料在經由 GPT 等人工智能工具進行外化後，因智能阻抗降低，其使用價值將得到全面提升。

要理解外化核心知識庫的價值，我們可以將之與未經整理的資料庫做比較，並探討經 GPT 整理後的知識庫與之前資料庫之間的價值差異。這種差異主要體現在資料庫和知識庫負熵存量的性質上。在未經過整理前，要從原始資料查找特定的答案需要消耗大量時間去理解和統整，這就表明該資料庫尚未進行適當的整合，智能阻抗高。然而，這種整合並不僅僅指對資料的排序，更可能涉及將所有的資料解構並重新組合。如此，當資料庫經過整理並外化成爲知識庫的智能實體後，智能阻抗變低，人們能更爲容易地獲取其中的信息。當有人提出問題時，GPT 會利用整個知識庫的智能來給出答案，而不是僅是給出參考特定資料的訊息。

因此，GPT 的知識庫智能與一般的資料庫截然不同。如果把一般的資料庫比作圖書館，那麼資料庫主要只是對資料進行索引，而並未進行資料的外化和整合。而一個人如果要將一個圖書館的資料內化成個人的核心知識庫，這表示這個人需閱讀所有的書籍，並且將其融會貫通，然後將所有的資料整合成自己內在的核心知識。因此，當其他人提出問題時，這個人就成爲了一個博學多聞的人，無論你問他什麼問題，他都能回答你。他提供的答案是基於整個資料庫重整後的知識，而非僅根據你問的問題要你去找某本書。因此，原本的圖書館資料與內化後的知識之間存在著巨大的區別，這區別反映在兩個智能實體的智能高低上。

GPT 會寫論文，因爲它已把論文的參考資料化成知識庫

實際上，要 GPT 撰寫論文的過程與學生進行論文的撰寫有許多相似之處。學生在撰寫論文之後，會在文章末端列出所有

的參考資料。這意味著他們在研究過程中會從這些參考資料中尋找和整理所需的資訊，進一步深入理解並整合後，以論文的形式解答他們研究的問題。

對於像 GPT 這樣的知識庫智能來說，它已經將所有的參考資料做統整，並用這些統整後的資料來回答問題，甚至產生出一篇完整的論文。因此，我們可以說 GPT 的核心知識庫具有較原始資料庫更高的智能，換言之，它擁有多的知識，智能阻抗低，更能夠有效提升智能輸出的效率。

在傳統的資料庫中，我們可能需要花上一整天的時間來整理所有的資訊，然後撰寫一篇報告。但是現在，我們用 GPT 的外化核心知識庫，可能只需要花費十數分鐘的時間，就能提供一篇完整的報告。這導致了人生產力的大幅提升，使其能在更短的時間內完成更多的工作。

通用與專用的外化知識庫

GPT 處理訊息的能力和它核心知識庫的增益有關

GPT 的核心知識庫對於一般問題的處理，有高的信息量增益，但對於特定專業問題的處理，它不一定有高的信息量增益。例如，對於一個陌生的問題，這種問題從來沒有被其他人解決過，它的信息並不會是 GPT 核心知識庫的一部分，那麼對這問題它的核心知識庫的信息量增益就不會太高。這也意味著，對於陌生問題的解決，GPT 所能提供的答案信息量是有限的。人工智能信息量增益的高低，與大數據資料的來源有關，因此要解特定專業的問題，要有特定專業大數據資料的來源。

Morgan Stanley 的專業知識庫，具有高的知識增益

GPT 外化知識庫信息量增益的高低，與其外化的大數據資料來源有密切關係。如果對特定知識資料的來源有限，那麼 GPT 對某些特定問題所能提供的信息量就會有所限制，這就表示 GPT 使用者對這特定知識的提問可能無法得到良好的解答。

我們可以想像，像 Morgan Stanley 這樣的投資銀行，它累積有大量投資專業領域品質良好大數據資料來源，然而因爲他們不會這些內部的數據資料公開，也就不會存在於像 ChatGPT 這種公開通用的核心知識庫裡。

因此 GPT 針對特定專業領域數據資料所建構的外化核心知識庫，它對特定問題就有比較高信息量的增益，進而能用較少的心力和時間去處理相關領域的複雜問題，而這就是專用智能的概念。

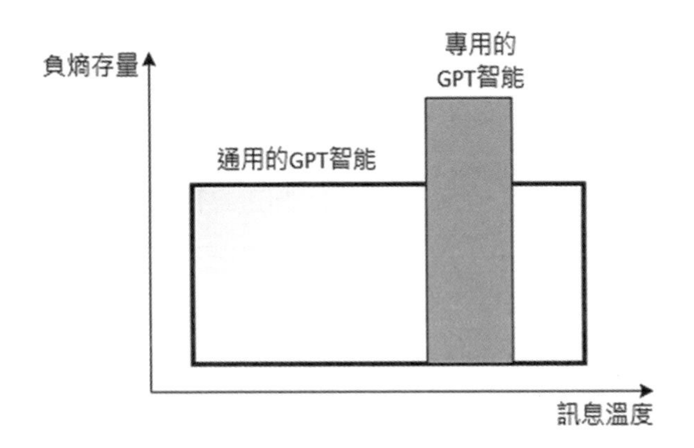

圖 31，通用智能與專用智能的比較

理論上，像 GPT 這種通用的核心知識庫也可以用來處理像財富投資這類的專業問題。但是，由於其核心知識庫所對應的信息量增益可能並不高，因此對於需要處理的投資問題，需要投入更多的心力，去進行更廣泛深入的問題解構，從 GPT 收集更多的相關訊息，然後進行整合，以形成必要的答案，解決財富投資的問題。

GPT 外化專業核心知識庫實例

以下是根據新聞報導所收集一些關於 GPT 外化專業核心知識庫的實例：

- 根據報導，摩根士丹利財富管理公司正在使用 GPT-4 來協助其 1 萬 6 千多名財管顧問的知識管理工作。該公司將 GPT 技術用於整理和搜索其龐大的文件和表格資料。該公司的目標是讓每位顧問都擁有一位 24 小時待命的人工智能首席投資專家可諮詢。

- 蘇黎世保險集團正在研究如何利用 ChatGPT 技術處理索賠和建模等問題。他們正在將最近 6 年的索賠數據輸入系統，以找出損失的具體原因並改善其承保工作。
- Allen & Overy 律師事務所已經引入名爲 Harvey 的 AI 聊天機器人來幫助律師起草合同和備忘錄，目的是提高效率。
- 《每日鏡報》和《每日快報》的出版商正在探索使用 ChatGPT 撰寫短篇新聞報導，做爲研究人工智能應用的一部分。

這些實例告訴我們，企業導入 GPT 外化的專業核心知識庫智能，必然會提升其生產力，企業之間的競爭態勢將發生變化。

— 10 —
GPT 與人類智能的比較

GPT 與人的核心知識庫都是智能實體，具有產生負熵存量並改變訊息狀態的作用。GPT 能像人一樣以語言文字回答問題，但它做爲物質實體缺乏主動性和自我提升能力。相比之下，人類擁有完整的心智能力，能夠不斷擴展智能。雖然 GPT 能統合並外化人類的知識，可能在某些智能層面上超越人類，但人類的心智能力使我們能持續學習和成長，因此擁有無限的智能潛力。

人大腦智能的建構

意識思考是建構大腦實體智能的智能工具

對人而言，人所有的生活經驗、問題處理和知識學習都是數據資料的集合。人的大腦智能是將大數據資料經過意識思維內化的結果，所以我們可以說人的大腦智能也是源於數據資料。意識思維是智能工具，它的作用在於將數據內化，建立數據與數據之間、問題與答案之間的聯繫，消除數據間的冗餘，建構大腦的實體智能，從而使大腦智能實體能夠輸出負熵存量，用以解決問題的不確定性。

智能工具是建構智能的工具。人的意識本身就是一種智能工具，其作用之一是透過學習理解知識來源的因果關係，內化外在大數據資料中的負熵存量，從而提升其大腦核心知識庫的智能。另一種方式則是應用核心知識庫的知識，透過意識實際處理問題，建立問題和答案之間的關聯，以提升核心知識庫的信息量增益。這兩種作用最終提升了核心知識庫的智能程度。

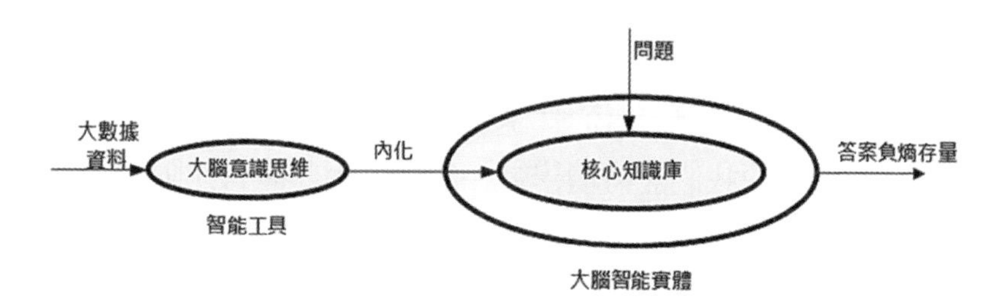

圖 32，人意識智能工具與知識的內化

智能實體的智能對應其負熵總量

我們可以從另一個角度來思考大腦智能實體的智能建構。假設人在初生時，其大腦是一片空白，沒有任何知識，智能內部的訊息組合混沌，處於熵值最大狀態。然而，經過學習，大腦意識的智能工具引入了外部的負熵存量，使大腦智能的熵值狀態降低，對應智能程度的提升。因此，我們用引入大腦負熵存量的總量來衡量人的智能程度。不同的知識訊息具有不同的負熵存量大小和訊息溫度，我們將這些不同訊息溫度負熵存量的累積結果，稱爲負熵存量總量。在學習過程中累積的負熵存量總量越多，大腦智能存在狀態的熵值越小，訊息組合的秩序度高，個體的智能就越高。

因此，

大腦智能＝核心知識庫原始熵值－核心知識庫現狀熵值
＝導入核心知識庫負熵存量總量

。

例如，兩位同班同學在學習過程中接收相同的知識訊息，但他們內化知識的程度和最終的智能程度可能不同。以理解爲主學生和以記憶爲主學生的學習方式導入的負熵存量總量不同，因此建構的大腦智能程度也有所差異。通過理解學習可以整合不同訊息間的不確定性，增加負熵存量，成爲智能的一部分。相反，如果僅依賴記憶學習，未能釐清不同知識之間的關係，則無法處理這部分關係的不確定性，冗餘訊息多，智能阻抗大，對智能的提升幫助較小。

智能是一種作用和功能，其強弱取決於智能實體輸出負熵存量的能力高低。智能實體的秩序度越高，其智能作用就越大，意識透過問答過程，能夠更快速且完整地回應解決問題所需的負熵存量，這正是智能作用的體現。

GPT 的智能結構

GPT 人工智能的智能建構

GPT 是否具有智能以及其智能程度的高低，取決於它提供的答案是否具有能有效解決問題的負熵存量。在實際應用中，由於 GPT 提供的答案能產生解決問題的作用，故被認定爲具有智能的實體。

GPT 智能實體的智能工具，能夠將大數據資料中的負熵存量外化至 GPT 智能實體的知識庫中。當人向 GPT 提問時，它又會生成有負熵存量的答案，以解決特定問題的不確定性。GPT 是一種內化語言文字大數據資料的智能工具，同時也是能生成語言文字訊息的智能實體。

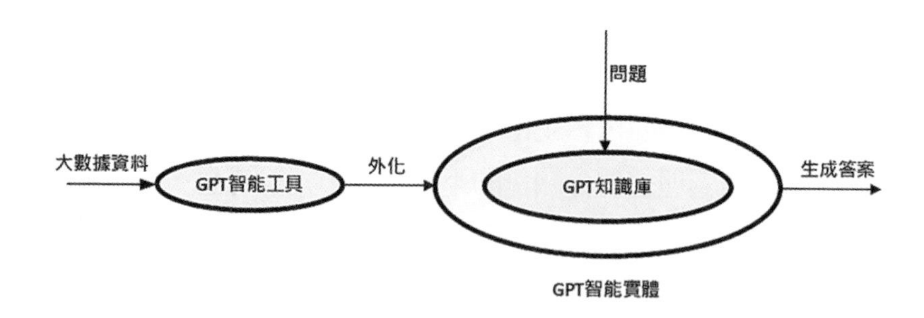

圖 33，GPT 知識庫智能與智能工具

GPT 智能實體的結構

GPT 縮寫的全名是「Generative Pre-trained Transformer」。以下是它作用的解釋：

- Generative（生成式）：GPT 是一種生成模型，意味著它能夠生成連貫且符合上下文的文本回應。它能夠根據先前的輸入內容生成合適的回答，並且不僅僅是從預先定義的回答集合中選擇。
- Pre-trained（預訓練）：在微調（fine-tuning）階段之前，GPT 通過預訓練過程進行學習。在預訓練階段，GPT 通過大量的文本資料來獲取語言知識。這樣的預訓練過程使得 GPT 具有廣泛的語言理解能力，能夠應對不同主題和問題。
- Transformer：GPT 使用了 Transformer 模型架構。Transformer 是一種基於注意力機制的深度學習模型，其在自然語言處理任務中具有卓越的表現。Transformer 的核心思想是使用自注意力機制來捕捉輸入序列中單詞之間的關係，並且能夠處理長距離相依性。

綜上所述，GPT 是一種生成模型，通過預訓練過程獲得語言知識，並使用 Transformer 模型架構來生成具有連貫性和上下文理解的文本回應。

GPT 的智能作用

對於 GPT 的智能實體而言，其客體智能水平的高低與其主要功能，生成、預訓練與轉換器的作用息息相關。

「生成」指的是產生答案負熵存量的能力，這包括生成符合上下文邏輯或訊息關聯的回答，使得答案訊息的接收者更易於理解和內化。這確保生成的答案具有低冗餘度、高訊息精度，從而提升答案客體智能的表現。

「預訓練」則是建構 GPT 核心知識庫的過程，透過內化大數據資料來建立一個智能的知識庫。知識庫的智能程度越高，GPT 的智能水平也就越高，能產生高客體智能的答案。預訓練的作用就是用於構建 GPT 核心知識庫智能的智能工具。

「轉換器」則負責理解問題，它需要能有效地理解輸入問題中各個詞彙之間的關聯，以找出正確的回答。這樣才能避免生成與問題無關或偏離問題主題的答案，提高答案的精準性。因此，轉換器在 GPT 智能中扮演著提升答案準確度的角色。

將這些功能整合在一起，使 GPT 成爲一個有效產生客體智能作用的智能實體。

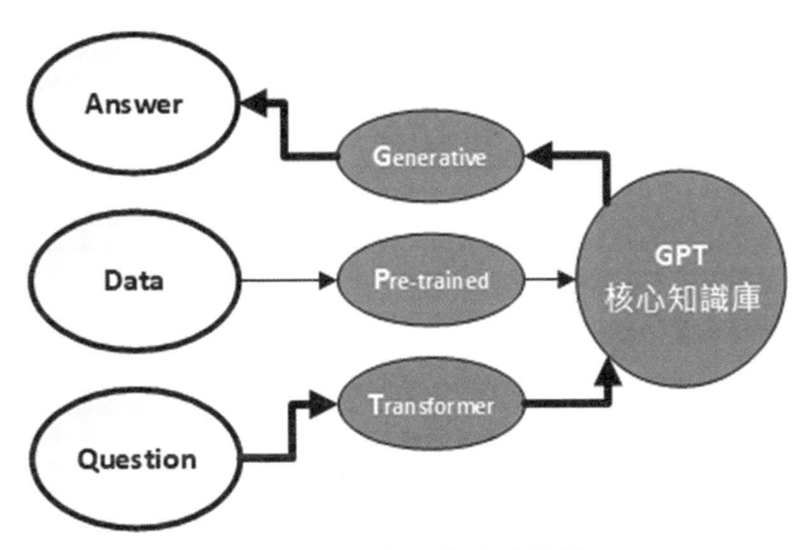

圖 34，GPT 智能實體的結構

人與 GPT 智能特性的比較

人核心知識庫的初始狀態，沒有溫差

人核心知識庫的訊息溫度對我們處理問題與理解世界的能力有著重要影響。當其訊息溫度既不高也不低時，我們無法進行深入的抽象思考，也難以執行具體的操作。這種狀態下的知識庫在解決問題上的效能將大幅降低，甚至可能無效。人在出生時的核心知識庫往往就處於這種既非高也非低的訊息溫度狀態。

教育和學習的過程，是通過知識的吸收和理解，不斷調整和提升我們核心知識庫訊息溫度的範圍。使其既能進行深度的抽象思考，獲取問題的整體視角，又能深入具體細節，有效地將抽象理論轉化爲具體實踐。

只有這樣，智能的深度和廣度才得以擴展，智能程度才能得到實質的提升，智能的知識庫才能在解決問題和理解世界時發揮最大的效能。

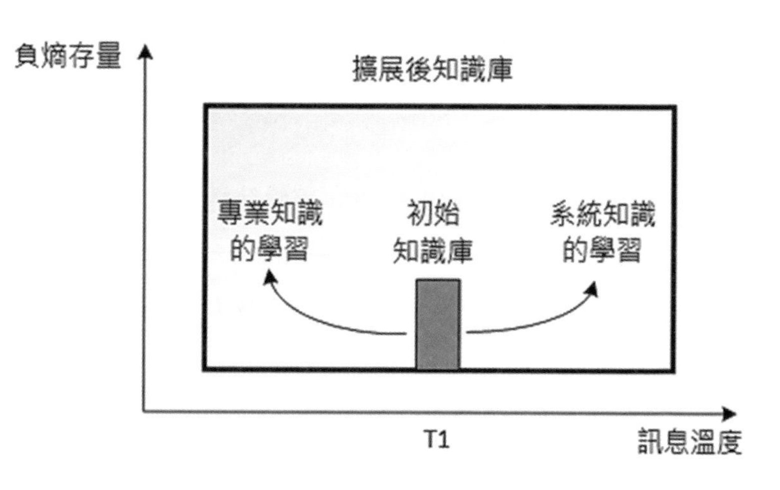

圖 35，人核心知識庫智能的擴展

核心知識庫的品質，高溫和低溫的知識兼備

在處理問題時，人的核心知識庫的品質並不完全取決於單一訊息溫度的高低。換句話說，並非僅擅長進行抽象思考的高溫知識庫就一定是最好的。這是因爲，抽象思考的實現實際上需要依賴於訊息溫度較低的專業知識，這些知識更接近具體實體的眞實情況。畢竟，訊息處理的最終目的是爲了實現具體的作用。如果我們只擁有抽象的思維，卻無法將這些抽象概念轉化爲具體的實現，那麼問題的處理就顯得不夠完整。

因此，對於一個優質的核心知識庫而言，它需要具備的不僅是訊息溫度高的抽象知識，還必須包含訊息溫度較低的專業知識。這兩者的結合，才能確保知識庫能夠在理論與實踐之間有效連接，並爲問題處理提供全面的支持。

人核心知識的溫度範圍對應個人的專長

一個人專業領域和職位角色在很大程度上塑造了其知識範疇和訊息溫度分布。例如，從事理論研究的人通常專精於高訊息溫度的知識領域，比如抽象的系統知識或理論知識。但因爲這些人較少涉足低訊息溫度的實作經驗，他們可能在實際操作方面的能力相對薄弱。

與此相反，專注於實際操作的人往往偏向於低訊息溫度專業領域的知識。然而專業來自於理論，因此他們不僅要精通具體操作技巧，還是需要對產生實際現象的理論有所了解。

在企業中，領導者和管理者則被要求做全局性的思考，以便能理解和掌握整個企業組織的運作機制，而不只是在關注細節和具體操作，因此他們的角色需要更重視高訊息溫度抽象的系統知識。

值得注意的是，知識範疇的訊息溫度是可變的，它們會隨著個人的角色、職位以及生活和工作需求的變化而相應調整。

這顯示了知識的流動性和多樣性，也意味著人可以根據不同情境來調整自己核心知識庫的結構和應用範疇。

人內化外在知識的能力不如 GPT

智能實體的智能程度體現在將外在知識內化為自身核心知識的能力上。但由於知識豐富多樣且人類壽命有限，將大量知識內化並儲存於個人的核心知識庫中存在諸多困難。

相對而言，像 GPT 這樣的智能工具，在知識的外化方面展現出高效率。GPT 能夠在短時間內分析和整合大量文本數據，將所有人類文明所累積的語言文本數據資料外化為自己的核心知識庫，提升自己的智能，從而有效地回應各種問題。這是人與 GPT 智能的差異。

第三部
有生命的智能

—— 11 ——
心智關係，智能的生命

人類大腦智能可以持續的成長，代表著心智統合的生命表現，是一種有生命的智能。相比之下，像 GPT 這樣的人工智能若不進行更新，其智能將無法成長，功能和作用保持固定，缺乏生命的表現。

GPT 的智能成長與否取決於人是否能利用 GPT 的智能解決陌生問題，創造新的負熵存量，從而使其能外化成新的智能。如果 GPT 能做到這一點，則可視爲具有成長性，有生命的智能；反之，若僅用於解決已知問題，則智能不會成長，缺乏生命的特徵。

問題到答案的過程

問題是訊息溫度高的抽象訊息

問題由主體提出，是一種內在結構不確定的抽象訊息，具有高訊息溫度。例如，「什麼是智能？」這個問題特別指向對「智能」概念定義的不確定性或無知。回答這個問題的答案，即是將「智能」這個抽象狀態具體化，明確其內在作用的訊息組合，以解釋智能作用產生的細節。

當問題是「智能如何產生」時，它實際上在尋求智能作用實現的因果關係。這意味著其答案必須解釋這個作用來源因果關係的不確定性，並提供一個確定結果的解決方案。因此，任何問題的內在本質都是抽象概念的不確定性，無論是存在的不確定性或因果關係的不確定性。一旦這些細節被明確決定後，其訊息狀態就會發生改變，熵值變小或訊息溫度下降。因此，解決問題的過程就是導入智能的負熵存量，以消除問題的不確定性。

當我們向 GPT 提問而得到答案時，實際上是在進行從抽象到實體、從心靈到物質的轉換。問題的不確定性代表主體自由意志的發揮，然而一旦問題得到答案，存在狀態變得確定，這種自由意志發揮的空間就會受到限制。

答案對應問題不確定性的負熵存量供給

問題本身的訊息特性具有存在的不確定性，這正是它需要被解決的原因。解決不確定性需要注入負熵存量。然而，如果注入的負熵存量不能滿足不確定性的需求，問題的不確定性仍然無法獲得解決。「文不對題」即意味著回答問題的答案與問題的不確定性不相符合。因此，問題的需求和負熵存量的供給之間的訊息溫度需要相匹配，這意味著特定訊息溫度的不確定性需求需要特定訊息溫度的負熵存量供給。智能本身扮演著不同訊息溫度的負熵存量供給生成的角色，以確保問題的不確定性得到適當的解決。

需求是物質實體內含的負熵存量不足，導致實體的功能無法正常執行。而供給的答案補足了實體不足的負熵存量，從而恢復秩序，使實體功能得以正常運行。

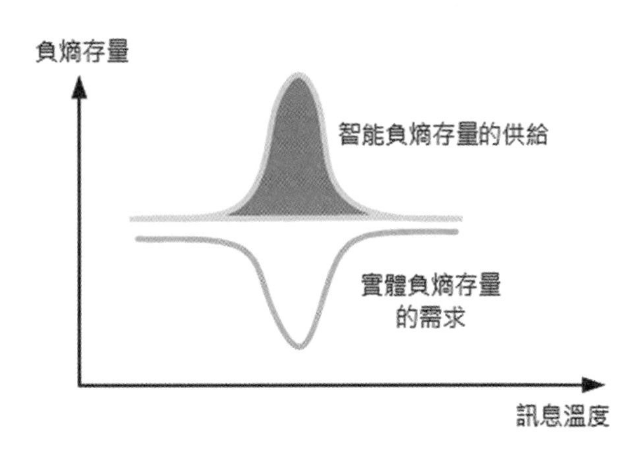

圖 36，問題到答案的過程，負熵存量的需求與供給

處理問題的心智關係

我們需要更清晰地理解人的心智與 GPT 之間的關係，進而深入探討人與 GPT 之間、心靈與智能之間的互動聯繫。

我們所認識的現實世界由各種實體組成，這些實體可以劃分爲物質實體與心靈實體。當我們認識到外在客觀世界存在的物質實體時，同時也會意識到自己內在存在的心靈實體。這意味著，在研究人的心智與 GPT 智能之間的關係時，我們必須確定 GPT 是屬於心靈實體還是物質實體，這有助於我們更深入地了解 GPT 將如何融入人的心智，並共同塑造我們所認知的世界。

GPT 和大腦智能的對應

大腦的意識可以視為心靈實體，它具備主動思考的功能；而人腦中的智能則是物質實體，扮演著被動提供關鍵訊息的角色。當人的意識進行思考時，它依賴智能提供必要知識訊息的支援。然而，如果缺乏意識心靈的思考作用，那麼物質實體的智能便無法自主產生任何變化。

人與 GPT 之間的關係，可類比於人的意識心靈與大腦智能之間的互動關係。GPT 相當於人大腦中的智能功能。而 GPT 與大腦智能都能在意識思考和問題解決的過程中提供所需知識的關鍵資源，只不過一個存在於大腦內部，另一個存在於大腦外部。

GPT 處理問題的心智關係

人能夠提出問題，是因為他擁有更高層次的思維能力，對整個問題處理過程有全面的把握。他清楚地知道需要解決的問題是什麼，了解解決問題的目的，並掌握處理問題的方法。因此，提出問題本身就反映了人心靈實體的內在思維的主動性與能力。

因此，儘管 GPT 的人工智能擁有廣泛的知識，但如果沒有人心靈實體的操作，它便無法有效解決任何問題。GPT 做為一種物質實體，其存在是被動的，必須由人心靈實體的主動操作，才能產生訊息處理、秩序構建的作用。例如，如果沒有人向 GPT 提問，GPT 就無法解決任何問題。這種提問的過程，就是心靈實體的主動作用。提問本身就是一種不確定性，而得到的答案則是一個確定的結果。GPT 在這個過程中實現了訊息狀態的轉換，從一個不確定的訊息轉換為確定的訊息，這就是 GPT 的智能作用。這個答案的確定訊息含有負熵存量，而這個負熵存量的引入就是 GPT 智能的體現。

人意識對大腦智能和 GPT 智能訊息的存取

GPT 可以被視為一個外化的知識庫，與人的大腦智能相對應。對於智能而言，它不僅僅是知識庫的概念，還必須能夠針對提出的問題轉換出相應的答案，這是一種智能訊息處理過程。

智能的表現也體現在對知識庫的存取上。例如，人大腦的核心知識庫的資料，只能透過人的意識去存取，而這個存取的結果反映了人智能的存在；同樣地，GPT 中的知識庫，若只能通過 GPT 本身進行存取，其存取結果則是 GPT 智能存在的表現。

人的意識必須具備一定的訊息處理能力，才能有效地處理這些提取出來的知識訊息，以建構具有實際價值的負熵資源。對人而言，GPT 智能的存在意義在於，人的意識可以存取 GPT 智能所提供的答案結果，並將這些訊息放入到人的心靈意識中進行處理，從而產生能解決問題的答案。GPT 可以被視爲一個外化的知識庫，與人的大腦智能相對應。這就是人的意識心靈與 GPT 智能之間的關係。

因此，人意識心靈的主體，既可以存取人腦智能中的訊息，也可以存取 GPT 智能答案結果的訊息。GPT 智能成爲了人意識可以存取的另一種智能來源。

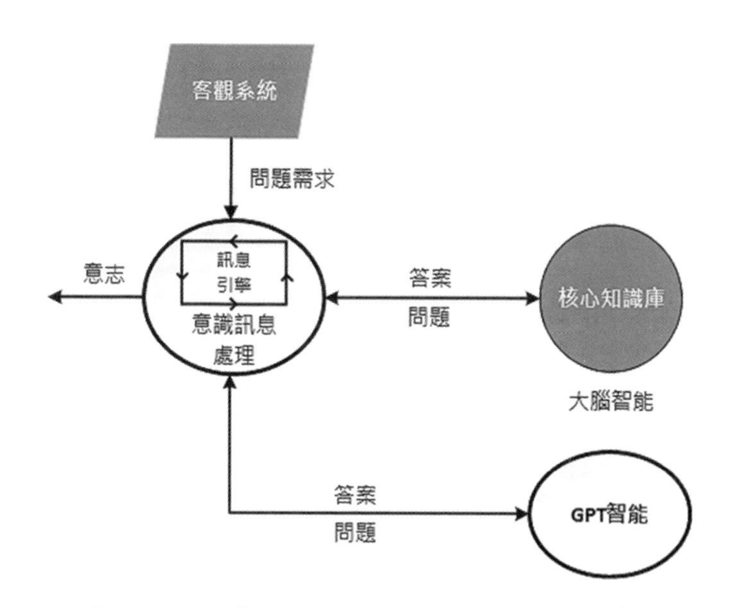

圖 37，大腦意識對大腦智能和 GPT 智能的存取

應用大腦智能需要高階的思維

當人進行思考時，人在意識中提出問題，而由大腦智能產生對應問題答案的文字內容。然而，大腦智能如何產生這些文字訊息，這屬於大腦智能運作的深層部分，是人的意識無法理解的過程。GPT 的情況也類似，當人提出問題時，GPT 能產生文字訊息做爲回答，但這些文字訊息的產生過程，同樣是我們難以理解的。

不過，人的意識思考具有理解的功能，能夠理解這些文字的含義。因此，人的大腦智能可以被視爲被動的硬體功能，而人的意識思考則是主動軟體的訊息處理作用。

GPT 智能能夠生成文本，並擁有負熵存量，但若要將這些文本應用於實際情境中，必須具備更高階的思維能力，才能將 GPT 提供的答案視作關鍵資源進行運用，並透過訊息引擎的運作產生新的負熵存量。

心智是軟體和硬體之間的區分

大腦智能的作用基本上是神經網絡的映射，屬於硬體功能。相對而言，思考則是運用這種智能作用的能力，對智能產生的訊息進行整合與應用，是一種軟體功能。這種軟硬體之間的區分，實際上就是心與物、心與智之間的差異。

人與 GPT 之間的關係，也可以看作是一種心智關係的對應，類似於軟體與硬體之間的互動。我們需要 GPT 的知識庫做爲解答問題的關鍵資源，這是硬體的功能；但對於如何有效運用這個知識庫，則需要人的意識心靈具備的思維能力，這是軟體的作用。人如果沒有這種思維能力，我們將無法有效利用人大腦和 GPT 硬體智能的功能。

智能是客體的資源，主體心智才是最高的存在

智能是一種物質實體的表現，並沒有自發性創造的能力，被當作外在的客體資源來。而心靈實體的作用在創生，在探究事物表象背後的眞實，唯有心靈實體代表人的主體性，心靈是人最高層次的存在。 "我思故我在"，這個存在是心靈實體的存在，並非物質實體智能的存在。無論智能有多麼強大，都會受到心靈實體的制約。

以一個企業的領導者來說，他掌握的是心靈實體的主動能力。即便其員工智能極高，他們仍然會受到領導者意識心靈的制約。因此，人的心智能力與 GPT 的單純智能能力存在著明顯的區別。意識心靈主動的思維能力，是人最高階的存在。GPT 的智能再高，依然需要受到人意識心靈的制約。

人擁有的是智慧，而不僅僅是智能

在處理問題時，人的訊息處理範疇遠比 GPT 來得廣泛，人能夠處理各種問題，進行抽象思考、價值判斷、處理人際關係，甚至利用已有知識創造新的實體。相比之下，GPT 的功能主要是特定訊息狀態的轉換，僅是人心智功能的一部分。當我們將

GPT 視爲弱人工智能時，這意味著 GPT 產生的負熵存量僅僅是人心智能力中智能的部分表現。

例如，當人在處理問題或學習新知識時，會將在訊息處理過程中產生的新的負熵存量轉化爲大腦的智能，使其變得更有經驗，知識也更豐富。這些知識成爲解決問題時的重要資源。而人的大腦智能則是透過意識內化外在知識而來，沒有意識心靈實體的作用，他無法自己提升智能。

我們稱人整體處理問題的心智能力爲智慧，這與智能被動地提供答案有所不同。智慧是主動的，而智能則是被動的。正是這種主動解決問題的能力，構成了人心智創生的關鍵作用。

核心思維能力

思考是一種作用，思維是一種方法。而核心思維能力，是指一個人的意識心靈如何應用智能，去做有效的問題解決和知識學習的思考方法。

有效的思考方法意味著能夠用最少的心力產生大的負熵存量。這個負熵存量不僅用於建構秩序，解決外在事物的不確定性，還用於提升自身的核心知識能力。

核心思維能力由幾個部分組成：首先，他必須具備識別問題的能力，這涉及到整體問題處理系統結構的理解，他必須清楚認識整體問題處理系統作用的目的以及整體結構的細節作用。其次，他必須理解作用的操作細節，這包括思考的程序以建構秩序的過程，有效應用方法來達成整體系統作用的目標，這有效方法包括訊息引擎的過程。更進一步地說，他必須理解訊息引擎的原理，瞭解訊息狀態如何的轉換，以及智能在其中的作用。

核心思維能力的高低反應在解決問題時有效和無效思考之間的區別。就像進行知識學習時，即使是相同的老師和教材進行教學，有些學生內化的知識能力更好，變得更聰明，擁有較高的智能；而有些人學習效率低下，智能提升不足。這兩者之間的差異與學習過程中所應用思考方法的有效與無效相關。這種有效和無效差異的根源就是核心思維能力。

智能的生命，心智的融合

生命讓智能成長

不論是對於人的知識庫還是像 GPT 這樣的人工智能知識庫，智能的提升都依賴於人的問題處理能力。人能夠運用知識庫中的知識來處理問題，從中產生新的知識和經驗，然後將這些新的知識和經驗內化爲核心知識庫的一部分，進而提升核心知識庫的信息量增益。只有這樣，人才能應對更複雜的問題，內化更多的負熵存量，再去處理更複雜的問題。

因此，人的問題處理能力，即核心思維能力，是提升知識庫信息量增益的關鍵。智能是一種物質實體，不具生命，無法自我成長。然而，當人將意識心靈實體的核心思維能力與智能結合，讓心智合一之後，才能使得智能持續增長，展現智能的生命力。

GPT 智能的提升，心智融合

人工智能變得更聰明的關鍵在於，使用人工智能的人必須能夠產生新的、有用的解決問題的知識和經驗，並將其外化，以提升人工智能的智能。如果人的使用者缺乏解決複雜或陌生問題的能力，他們無法產生新的有用經驗，也就無法用它來強化其人工智能的智能。如果外化的人工智能無法使企業或組織變得更聰明、推動其組織進化，那麼這種智能本身就沒有太大價值。因爲知識會過時，當智能不進化，相關的企業或組織將不可避免地被社會或市場淘汰。

我們強調信息量增益對於人工智能增長的重要性。在未來，人類與人工智能將共存，而人工智能的智能增長將成爲個體和企業組織生存的關鍵因素。若一家企業擁有的人工智能無法與企業智能增長同步，或者不能推動企業智能增長，這可能預示著企業競爭力的弱化。

在一種極端情況下，如果人缺乏問題處理能力，無法解決陌生問題，僅依靠 GPT 知識庫中已有的知識解決已知問題，而一旦當 GPT 知識庫中沒有對應的知識時，他就無法解決問題。這意味著他所解決問題的答案沒有額外的負熵增量，這對 GPT 智能的增長沒有幫助，將導致智能增長停滯。這就像人使用經驗解決熟悉問題一樣，僅僅是重複單調的工作，對個人智能的成長沒有幫助。

因此，在人工智能發展中，人主動問題解決能力的養成顯得格外重要。如果 GPT 智能無法像人類智能那樣成長和進化、發展出獨特特徵，那麼它對於提升企業組織的競爭力就有限。

—— 12 ——
心智融合的方法，理性辯證法

當問題處理的作用在於建構秩序，即是一種耗散結構機制。當耗散結構涉及人與事物之間的關係時，它成爲問題處理系統。而當它用於處理人面對外部客觀事物因爲秩序散失所產生的矛盾問題時，問題處理系統的方法即是理性辯證法。

我們將耗散結構推導至理性辯證法，以探討人在處理矛盾問題和建構秩序過程中，耗散結構機制的運作。這包括秩序的偏離、矛盾的產生、資源投入及訊息處理方法。過程中涉及訊息引擎機制及人與事物之間的關係，即主體、客體與客觀系統之間的關係。因此，我們必須理解理性辯證法的整體，才能討論 GPT 智能對秩序散失矛盾問題處理所產生的影響。

問題處理系統的理性辯證法轉換

從問題處理系統到理性辯證法的體現

問題處理系統會產生耗散結構的作用，是因爲主體與客觀系統之間產生了矛盾的對應。當主體認知到客觀系統的失序狀態達到一定程度，即客觀系統的秩序狀態偏離主體認知的平衡點一段距離後，耗散結構的作用才會啓動。這種偏離平衡點的狀態，或者說主體與客觀系統之間的矛盾對立狀態，成爲主體產生秩序建構動機的來源。當主體開始處理問題，意味著客觀系統的失序達到一定程度，對主體產生心理壓力，促使主體有秩序建構和秩序回復的動機，這是理性辯證法耗散結構機制啓動的關鍵條件。

偏離平衡點的意義在於，這種秩序建構的迫切感能產生問題處理動機，促使訊息能的投入；如果沒有偏離，沒有矛盾的產生，就不會有外部資源的導入做系統秩序的建構。同時，只有當偏離到一定程度時，訊息引擎訊息處理效率變高時，所做的秩序建構才能發揮作用。

問題處理系統是一種客觀的訊息處理機制，當我們將矛盾和對立的觀念引入這個問題處理系統的結構時，這種處理問題的結構就會轉變成是一種辯證的關係。辯證是處理矛盾的方法，而理性意味所用的辯證方法是客觀的，不被否定，而能爲人所接受。理性辯證法是用理性的問題處理系統結構的方法，處理主體與客觀系統之間失序的矛盾問題。

理性辯證法是通過問題處理系統來實現的。問題處理系統做爲一種理性工具，可以幫助主體理解和處理這些矛盾，並嘗試在其中尋找解決方案。在這個過程中，問題處理系統需要從外部環境中獲取訊息和資源，並將這些訊息和資源轉化爲有用的問題解決策略，而這就是耗散結構秩序建構的運作。

理性辯證法的辯證邏輯

訊息引擎與理性辯證法辯證邏輯的對應

訊息引擎是一種訊息處理機制，訊息引擎循環的結果會產生負熵存量，然後將這個負熵存量導入到客觀系統中，以解決客觀系統問題的不確定性。而訊息引擎的循環過程包含等熵壓縮，等溫壓縮，等熵膨脹和等溫膨脹的階段，對訊息進行處理。

而辯證邏輯則是思考的過程，分成形成概念，系統解構，實體轉換和實體統整四個步驟，與訊息引擎的四個循環階段相對應。

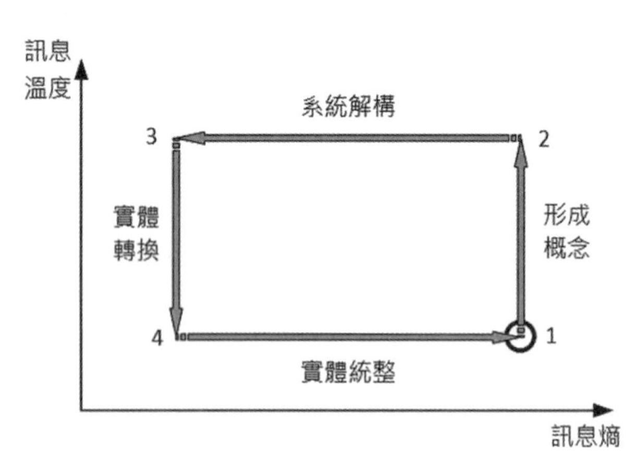

圖 38，辯證邏輯循環圖

概念的形成，等熵壓縮

在辯證邏輯的過程中，主體與客觀系統之間的矛盾需要通過抽象的作用概念進行整合。概念的形成是辯證邏輯第一階段，對應於訊息引擎循環的等熵壓縮過程。

此過程中，概念是一種作用，形成概念的目的是在解除客觀系統實體產生矛盾的限制條件，並賦予概念建構新實體的自由。例如，當學生面對考試成績不佳的困境時，這反映了其核心知識能力的不足。因此，解決這一矛盾的方法是通過學習來提升核心知識能力，這一過程形成了一個解決問題的抽象概念。該概念爲解除限制條件提供了方法，使學生能夠在考試中表現得更好，從而消解了考試成績不佳與其核心知識能力不足之間的矛盾。

系統解構，等溫壓縮

概念作用因果關係的系統解構目的在於建構概念作用的實踐方法，即明確概念對應的作用是由那些細節作用的系統組合。概念的系統解構在確認概念的作用和其解構的系統之間有確定的因果關係，讓概念有確定可實現的方法。而系統解構是對應到訊息引擎循環的等溫壓縮的程序。

實體轉換，等熵膨脹

實體轉換是把系統解構後抽象的細節作用，轉換成具體功能的實體狀態。實體轉換確定了抽象作用和轉換實體之間有確定的因果關係，轉換後的實體可以確定執行抽象概念的作用。實體轉換是對應訊息引擎循環的等熵膨脹的程序。

實體統整，等溫膨脹

實體統整是指在實體轉換之後對所有細節功能進行的整合。這個過程涉及在相同功能條件下，將細節功能進行整合，同時去除這些功能間的多餘冗餘和重複，目的是爲了用更少的資源和時間去執行相同的功能。由於統整過程會抹除在系統解構階段引入的因果關係，因此，它實際上是對作用因果關係的捨棄，以及對實體功能的回歸。這個實體統整過程對應於訊息引擎循環的等溫膨脹階段。

辯證循環，因果關係的唯一性

辯證邏輯是解決主體面對的客觀系統矛盾所需的思考過程。當主體與客觀系統產生矛盾時，需要一個抽象的作用概念進行整合。爲了實現這個概念作用，必須對概念作用的因果關係進行系統性解構，去理解這個概念作用是如何由細節作用做組合。然而解構後的作用仍是抽象的，必需做實體轉換，讓抽象作用回歸到具體實現的過程。而統整是將組合實體細節中間的冗餘訊息去除，把概念的作用做具體的實現。

辯證邏輯的目的在於保證從抽象概念作用到具體實現之間推理過程的因果關係唯一性，以及概念作用與具體功能的一致性。這樣的過程不僅涉及概念的解構與重組，也涉及到如何從抽象概念作用轉化為具體的實際操作，確保整個訊息處理過程推理的有效性。

—— 13 ——
GPT 答案的訊息性質

GPT 答案的訊息特性

GPT 答案的智能曲線

我們把 GPT 答案的智能特性分成兩部分來看，一是其訊息溫度的高低，二是其訊息溫度對應負熵存量的大小。前者是功能的多寡關係，後者是功能的高低關係。

答案是訊息的統合，而每一個訊息有不同作用的呈現和虛實之間的關係，所以答案的訊息組合不會是單一的訊息溫度。而每一個作用有實現程度的不同，這是作用所對應負熵存量的高低。如此用訊息特性曲線來描述一個答案的智能特性，它有訊息溫度的區間，表示這個答案內含不同功能的範圍。答案有負熵存量的區間，用來表示不同功能的實現程度。訊息特性曲線有訊息溫度和負熵存量兩個坐標軸，我們就用這兩個訊息參數，來描述一個 GPT 答案的智能特性。

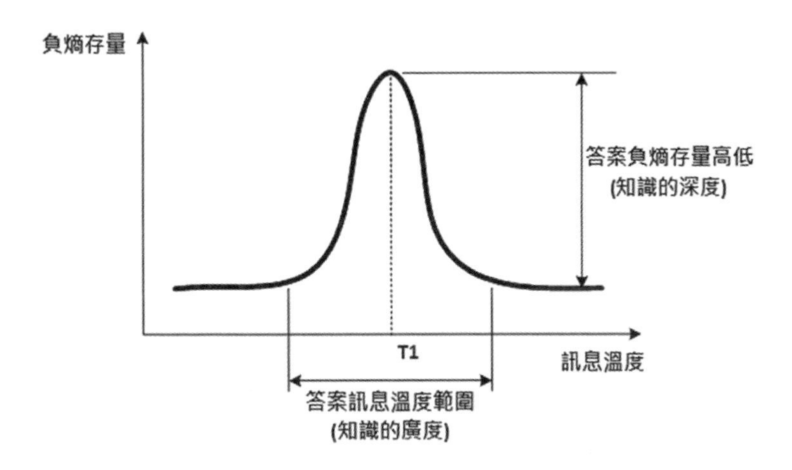

圖 39，GPT 答案的智能特性曲線

GPT 答案的訊息溫度和負熵存量

GPT 答案的智能特性，會根據答案的內容而有所不同。若答案越接近具體的實體，則其訊息溫度越低；若答案越抽象，其訊息溫度就越高。舉例來說，GPT 所提供的答案可以是能直接執行功能的程式碼，其訊息溫度就較低。反之，若 GPT 的答案是針對哲學問題的回答，則這個答案的訊息溫度就較高。

我們必須認識到，GPT 所給的答案並不是最終的結果，而是過渡。高訊息溫度的答案，要做實際的實現，它的困難度就比較高，需要投入更多的心力，但是它所涵蓋問題解決的範圍廣。如果是訊息溫度低的答案，那麼它所應用的範圍就比較局限，只能針對特定的問題去做解答。

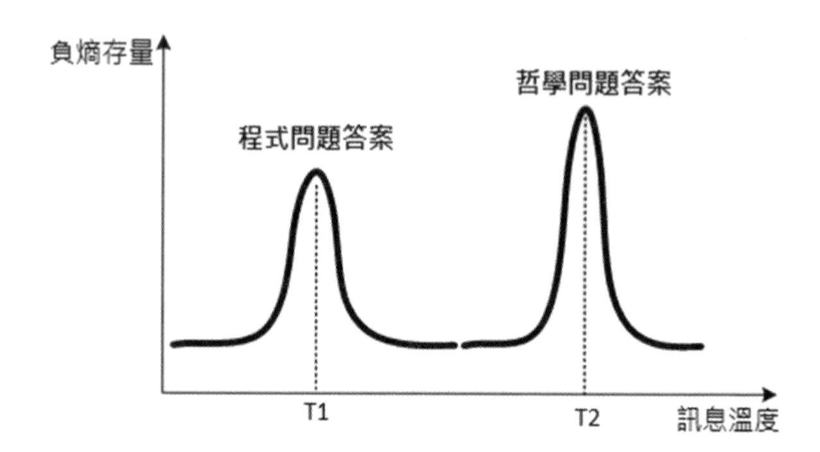

圖 40，不同答案，不同訊息溫度

GPT 答案在意識中做訊息處理

語言是人意識訊息處理的方式

一般我們透過圖靈測試來判斷人工智能是否具備人類智能。如果在對話過程中，無法分辨人工智能是機器還是人，則認爲該人工智能達到人類智能標準。然而，這種評估方式引發了一個問題：爲何語言能力會被視爲人類智能的重要指標？

語言代表的是抽象訊息，而人類的意識所處理的也是語言的抽象訊息。人類會將現實中的實體轉化成抽象的語言訊息，並進行相對應的思考。因此，當機器有能力處理語言時，就表示它具有了人類意識高階的抽象訊息處理能力。

人類擁有秩序直覺的能力，這種能力讓我們能夠認識現實中的實體，並將其轉換成抽象的訊息。例如，當我們看到一個人時，「人」就是人這個具體實體抽象後的訊息。而如何從繁雜混亂的視覺感知訊號中，識別出「人」，這就是人的秩序直覺能力。這種能力讓我們可以將現實中存在的秩序實體轉化爲抽象的訊息。

人透過秩序直覺的能力能將外部世界的現實實體訊號轉化爲人意識可以處理的抽象語言訊息。相對於人工智能來說，當它具備有了影像識別的能力，能夠辨認出物體的特徵，它就有將實體訊號轉化爲抽象訊息的能力。好比最新版的 GPT4.0 人工智能已經擁有了識別圖像的能力，能夠模擬人類把現實世界的影像實體轉化爲抽象語言訊息的能力，然後做後續語言文字訊息的處理。

當人向 GPT 提問，問題本身就是抽象訊息。GPT 能回答問題，說明它具有理解抽象訊息並在知識庫中找到對應抽象答案的能力。這種智能表現方式已接近人類處理抽象訊息的方式，顯示 GPT 具備類似人類心智的抽象訊息處理能力。

GPT 訊息溫度的位階，意識的位階

人類意識具備處理抽象訊息的能力，能接收和處理具有一定「訊息溫度」的訊息。然而，若訊息的抽象程度過低，僅爲單純的訊號，則該訊息的「溫度」過低，超出人類意識的處理範圍。這就體現了意識訊息處理位階與訊息溫度之間的相關

性。

GPT 所給出的答案是以抽象文字訊息的形式呈現，與人類意識進行抽象語言和文字訊息思考的方式相似。因此，GPT 的文字訊息答案處於人類意識抽象思考的訊息溫度範圍之內。GPT 提供的訊息，能夠與人類意識的抽象思考進行連結。

當我們的意識向大腦智能提問時，例如詢問梯形面積的公式，我們的意識中會出現「上底加下底乘以高再除以二」的訊息。這是意識從大腦知識庫中提取訊息的過程。儘管我們無法確切知道這個知識在大腦智能中是如何生成的，但我們能透過意識提問的方式來獲得這個知識的訊息。

這些知識訊息之所以存在於人的大腦智能中，是因爲人將外部知識內化存放於核心知識庫，成爲大腦智能的一部分。當我們的意識提問時，大腦智能會從核心知識庫映射出答案，展現大腦智能的功能。

而當我們向 GPT 詢問梯形面積公式時，它的答案「上底加下底乘以高再除以二」也是一個抽象的文字訊息。這個答案經過閱讀後進入我們的意識，其過程與從大腦智能提取公式的過程相似。

因此，GPT 的人工智能可以被視爲人類大腦智能之外的另一種智能，能夠與人的意識進行對接，只是一個存在於大腦之內，另一個存在於大腦之外。

—— 14 ——
莫拉維克悖論與智能的適應性

莫拉維克悖論

莫拉維克悖論

莫拉維克悖論是由漢斯・莫拉維克（Hans Moravec），羅德尼・布魯克斯（Rodney Brooks），馬文・閔斯基（Marvin Minsky）等人於20世紀80年代提出。

莫拉維克悖論（Moravec's paradox）指出：**和傳統假設不同，對計算機而言，實現邏輯推理等人類高級智能只需要相對很少的計算能力，而實現感知、運動等低等級智能卻需要巨大的計算資源。**

這正如機器人學者莫拉維克所說，「要讓電腦如成人般地下棋是相對容易的，但是要讓電腦有如一歲小孩般的感知和行動能力卻是相當困難甚至是不可能的。」

用莫拉維克悖論可以解釋，爲什麼人工智能有時特別聰明，有時特別蠢笨，聰明到可以打敗地球上所有的圍棋大師，蠢笨到連完整抓取一枚雞蛋都是一件艱鉅的任務。

莫拉維克悖論，人的心智和 GPT 單獨智能的對應

當人在處理問題時，他主要依賴的是心智過程。對於小孩子而言，某些問題可能看起來非常簡單，但對於缺乏相關經驗的智能實體來說，由於缺乏由心靈主導的問題解決能力，這些問題就顯得困難。因此，莫拉維克悖論實際上是在對比人類心智與人工智能在問題處理上的差異，這源於兩者不同的訊息處理模式之間的對立。當人工智能無法像人類心靈那樣主動解決問題時，對人類心智來說簡單的問題，對純粹的人工智能就可能變得困難。

GPT 的智能高度發達，對於它專精的問題，它無需經歷心智過程，而是可以直接透過智能直覺式的反應來找到問題的答案。如果人的智能充足且經驗豐富，他們解決問題的方式將類似於 GPT，利用直覺的經驗方式解決問題。然而，當人的智能有限，面對陌生問題時，就必須依賴心智能力來解決問題，這種心智的適應性正是人類獨有的能力。

因此，莫拉維克悖論實際上揭示了人心智分離的事實。當我們說 GPT 面對陌生問題時表現得言之無物，這意味著它單純的智能在面對無經驗的問題時，不知道如何有效解決，只能隨意回應。這表明 GPT 的智能在處理陌生問題上有其局限性，它缺乏解決陌生問題的適應能力。解決陌生問題其實是心智之間

的互動過程，需要運用特定的思維程序去應用特定智能以解決問題。儘管 GPT 擁有高度的智能，但若缺乏意識心靈主動的思維作用，它就難以解決陌生的問題，即使這問題看起來很簡單。

我們常說人工智能在處理一些對人類而言極爲複雜的問題時顯得高效，但這並不意味著這是一個簡單的過程。智能一旦形成，就變成了一種物質實體的功能，一種直覺的反應。但要建立這種功能，必須經過一個複雜的訓練過程。結果可能看似簡單，但實際過程卻非常複雜。因此，對人類而言複雜的問題，對人工智能未必簡單。這與人的智能相似，人一旦獲得了對特定複雜問題處理的經驗，該問題就變得簡單了。

莫拉維克悖論揭示的是，人的心智能力有其獨特的價値，表現在問題處理的適應性上。人工智能雖能解決特定的複雜問題，顯示出強大的操作性；然而，面對非專長領域的問題，它卻缺乏適應性。因此，莫拉維克悖論引發出智能的操作性與適應性之間的問題，揭示出專用智能與人的心智能力在問題處理上本質上的差異。

智能性質的三個維度

GPT 智能的適應性，操作性和功能性

GPT 的智能和人的心智能力的區別，可以從適應性、操作性和功能性三個維度來進行討論。適應性指的是智能在面對新

問題或未知情況時的應變和處理能力。例如，人的心智能力在適應性上表現突出，能夠處理廣泛且陌生的問題。相對地，GPT等人工智能系統在遇到其知識庫智能以外的陌生問題時，其適應性相對較弱。

操作性則體現在解決問題的效率和準確性上。在這方面，GPT 等人工智能系統則在其大數據資料的知識訓練範圍內展現高的智能，能供精確的答案，因此其在操作性上具有顯著優勢。相對的，人在其專業的知識領域可做在有效的訊息處理，也可表現出其操作性，而且能夠進行更深入的探討，能表現出更高的操作性。

功能性則反映在智能能夠處理問題的多樣性上。GPT 能做內容廣泛的大數據資料的訓練，從解決哲學問題到編寫程式都能勝任，在功能性上展現出高度的多樣性。而人則是在學習時間和學習效能上的限制，無法對所有的知識領域都做涉獵和學習，因此其智能在功能性的表現上有所限制。

一個存在的心智系統，因爲時間和資源有限，功能性和操作性通常需要互相妥協。如果我們過分強調其在特定情況下的操作性，可能就會影響其處理多種問題的功能性。反之，如果我們強調其在各種不同情況下的功能性，則可能會導致其操作性的下降。

心智系統的適應性對應到它的主動問題處理能力，也就是需要具有高的思維能力和高的可用智能，這樣才能適應不同的問題，甚至是尚未遇過的陌生問題。

GPT 可以處理廣泛的問題，因爲這些都是它既有的功能，並不需要進行新的適應，這是它的功能性，而非適應性。以至於當 GPT 遇到它知識庫中沒有的知識，而無法處理時，那這就顯示了它的功能性的限制和適應性的不足。反之，如果問題與它既有的知識相符，它能夠快速且準確地回答，那就展現出了強大的功能性和操作性。

適應性是解決陌生問題的能力。當一個人的知識範疇不夠廣泛，許多問題對他來說就都是陌生問題，所以他必須利用他的心智的適應性，去學習和解決他所面對的各種陌生問題，以彌補其功能性的不足和操作性的不足。

因此，從適應性的角度來看，人類的心智能力在適應性上超越了 GPT 的純智能。莫拉維克悖論所揭示的就是這種適應性的差異。人工智能能夠處理特定而複雜的問題，強調它的操作性，但這種強調操作性的做法反而削弱了其適應性，甚至不及一個孩童的心智能力。因此，適應性，功能性和操作性都是心智能力的特性。不同的心智系統具有不同的適應性，操作性和功能性，而這也是一種衡量心智能力的方式。一個好的智能品質需要兼具適應性、功能性和操作性，能夠處理所有的問題，而且處理的速度要快。

因此，我們將這三種能力視爲智能性能的三個維度，並根據這些維度來評估和比較不同的智能系統的智能特性。理想的智能系統可能需要在適應性、操作性和功能性之間達成平衡，並根據特定的任務或環境來調整這三種能力的配重。

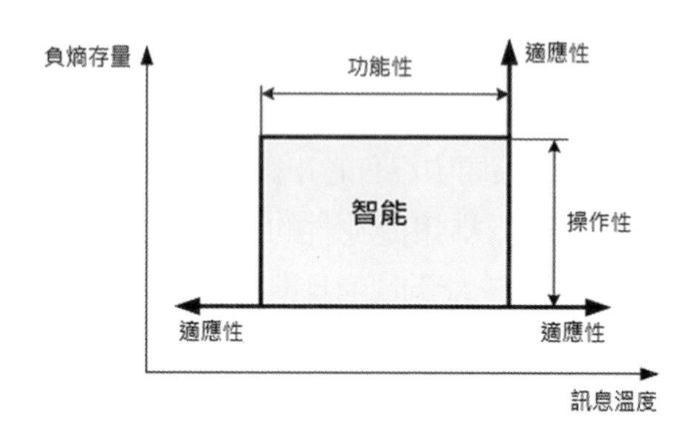

圖 41，智能性質的三個維度

GPT 人工智能的侷限性

GPT 考試爲什麼可以考高分

GPT 在專業考試中表現出色，能獲得高分，甚至能通過像律師考試這樣的專業測試。事實上，GPT 在考試中的高分數，是反映了教師的閱卷者對其回答的滿意程度，閱卷者從 GPT 的回答中得到了所需的信息量，它回應了試卷試題所要解決的問題。

爲何 GPT 能回答出讓閱卷者感到滿意的答案？因爲考試的目的是測試學生對現有知識的理解，而 GPT 已將現有知識外化，因此它能夠用這些知識或經驗來回答考試的問題。而 GPT 所給出的答案讓閱卷者認爲，GPT 的核心知識能力達到一定的程度，因此能夠回答考試問題，滿足了教師的期待。

知識具有客觀性和通用性，考試是測試學生對知識理解程度的一種方式。因爲知識具有客觀性，所以考試會有正確的答案。考試問題通常是存在知識的問題，而這些知識已經在 GPT 內在的知識庫中，所以 GPT 能夠把問題回答得很好。

考試是試卷題目和應考者核心知識的匹配過程。如果問題涉及到 GPT 不知道的知識，那麼 GPT 可能無法有效地回答這個問題。如果一定要它回答，可能產生的只是一堆沒有內在邏輯的文字。對於陌生的問題，GPT 可能選擇不回答，或者胡言一通。這顯示了 GPT 的局限性。GPT 的智能具有良好的操作性和功能性，但缺乏適應性。這是在使用 GPT 智能工具時需要有的認知。

我們需要強調的是，GPT 雖有知識能力，但缺乏意識心靈主動思維的能力，因此它解決問題的能力受到了局限。我們不能因爲 GPT 在考試中獲得高分，就認爲其心智能力超越了人類，這只是表象上的認知，源自於對人在處理問題過程中的心智過程的誤解。

我們必須認識到，考試的目的是在測試一個人是否具有優良的智能品質。高智能品質的人必須具有優秀的思考能力，並能運用其客觀智能來處理問題。這樣的問題處理結果，會顯示出好的適應性和操作性，這才是好的智能品質的表現。

GPT 能在考試中獲得高分，是因爲它在現有知識的考試範圍內展現出良好的操作性。然而對於未知的、陌生的問題，它卻可能無法給出正確答案，因爲這已超出了它知識庫所擁有知識的範圍，它無法展現出好的適應性。但即使是對陌生的問題，人也可以透過心智能力去解決，展現出良好的適應性。因此，即便人智能的操作性可能不如 GPT，但人心智的適應性卻可超過 GPT。

GPT 爲什麼不是強人工智能

強人工智能，也稱爲通用人工智能（AGI），是指那種不僅能執行特定任務，還能完全模仿人類心智能力的系統。這種心智能力可以理解、學習、適應新的情況，甚至能處理預先未經訓練的任務。

以下是強人工智能的一些主要特性：

自我意識：強人工智能理論上能達到自我意識的水平，具有主觀經驗。它不僅能理解自身在何種狀況下，並能夠做出改變來適應新的環境。

理解與學習：強人工智能能夠理解從各種情境中獲得的資訊，並且能從過去的經驗中學習並改進自己的行爲。這不僅僅是模仿人類行爲，還要能理解背後的原理並進行適當的調整。

靈活處理未知問題：強人工智能能夠解決新的、未經訓練的問題。這意味著它具有創新性，能夠適應新的挑戰和情況。

目前爲止，強人工智能仍然處於理論階段，並沒有任何已知的系統或者技術能夠達到這種程度的智能。目前大部分的人工智能，包括深度學習、機器學習等，都還處於弱人工智能的階段。

由於 GPT 並未具備心智能力的適應性，它不能解決陌生的問題，擴展其功能，以及強化其智能。因此，GPT 不是強人工智能。心智能力是強人工智能的基礎，如果像 GPT 這樣，只擁有單純的智能，卻缺乏意識主動思考的心智能力，那麼它就無法成爲眞正強人工智能，還是在弱人工智能的階段。

圖靈測試與人工智能

圖靈測試是一種用來測試人工智能是否達到人類智能水平的方法，主要通過人與機器進行對話來做測試。當我們無法分辨對話對象是人還是機器時，這台機器就被認爲達到了人類智能的標準。然而，這可能並不完全代表對人類智能的完全認知。圖靈測試涉及的是人與機器構成的耗散結構系統，其中包括主動與被動的元素。只有人能主動提出問題，進而解決問題並認知問題處理的結果，這才是眞正的人類智能。如果智能機器不能主動提出或解決問題，掌握整個耗散結構秩序建構的操作，那麼它就不具備眞正的人類智能。

能夠掌握和操作耗散結構整體能力的智能才是完整的人類智能。GPT 所產生的訊息雖具有解決問題的作用，但 GPT 無法獨立運作，必須依靠人的操作才能用來解決人面對的特定問題。GPT 只有在與人統合之後才能形成耗散結構整體的機制，而人能夠獨立解決問題，完成耗散結構建構秩序的作用。因此，GPT 並非完整的智能，不及人的心智水平，非強人工智能。

—— 15 ——
量變到質變，信息量的增益

量變到質變

核心知識庫的信息量增益

人問題處理所需的負熵存量，是來自於其智能實體信息量增益的高低，就是人投入的心力所能夠轉換出負熵存量的大小。一個人的核心知識能力越高，其智能實體的信息量增益就越大，這樣他就能用較少的心力產生較大的負熵存量，注入實體，實現功能，做有效率的問題處理。

我們必須認識到，GPT 智能實體智能的增長，依賴於人問題處理的能力，以產生能夠解決問題的數據資料，進而外化成 GPT 智能實體智能的一部分。如果沒有人問題處理後新的數據資料來源，GPT 的外化智能實體的智能也就無法提升。

因此從這個角度來看，人還是 GPT 智能實體智能的核心。在以往，問題處理的目的，是在提升人大腦核心知識庫的智能。

而在 GPT 人工智能的時代，我們需要考慮的是，人如何利用 GPT 人工智能的實體智能來有效提升問題處理的能力，除了提升人大腦核心知識庫的智能外，還要將其外化爲 GPT 智能實體的智能，提升 GPT 知識庫的智能程度。

GPT 智能實體的正向回饋會形成一種鎖定效果

知識庫的信息量增益不僅幫助解決當前問題，也爲未來可能遭遇的更複雜問題積累知識能力。我們可以想像，人能透過 GPT 知識庫的信息量增益來協助解決問題。解決的問題越多，累積的知識越豐富。如果能夠通過 GPT 智能工具，將這些解決問題獲得的知識和經驗重新整合回其原有的知識庫中，那麼 GPT 知識庫的信息量增益將持續提升。隨著增益提高，能夠處理的問題將更加複雜，進而積累更多的知識和經驗。透過這種知識和經驗的正向循環，信息量增益將持續提升，使得 GPT 智能實體的智能呈指數型增長，形成一種鎖定的效應。

這種鎖定意味著 GPT 知識庫的信息量增益與人問題處理能力之間形成了正向強化的循環，這是 GPT 智能實體不斷學習和進化的一種體現。

量變到質變，足夠的訊息量才能建構功能和答案

量變到質變揭示了事物發展的過程。當人們在處理問題的不確定性或實體的失序狀態時，必須注入一定程度的負熵存量後，問題的不確定性才能得到解決，秩序得以建構，功能才能

實現，從而發生量變到質變。量變是指注入實體增加的負熵存量，質變則是指實體功能的顯現。量變到質變指的是說，當投入的負熵存量達到一定的數量的之後，那麼它才能夠產生功能。而當問題處理的時間有限，心力投入不足，或智能實體信息量增益不夠時，使得整體投入的負熵存量若不足，則無法實現量變到質變的轉化。問題處理的目標是達到量變到質變的結果，如果問題未完成處理，則所投入的心力成爲無效，導致資源和時間的浪費。

這就像學生準備考試，即使花費大量時間學習和練習，以提高其核心知識庫的信息量增益，但考試時若單位時間內的信息量供給不足，無法讓題目的不確定性達到量變到質變的結果，給出問題正確的答案，那還是無法獲得考試分數的回報。

實體的量變到質變存在一定條件。若一個人的核心知識能力不足，表示其智能實體的信息量增益低，使其產生有用負熵存量的速度慢，這時則需要大量心力和時間的投入才能達到量變到質變的結果。

信息量增益提升的鎖定

問題處理正向回饋鎖定的機制

問題處理機制之所以能產生智能實體的正向回饋和鎖定作用，關鍵在於人的核心知識能力以及處理問題的效率。根據耗散結構理論，秩序建構首先需要的條件是偏離平衡點，這種偏離確保人有足夠的動機投入必要的心力去處理問題。

問題處理過程中，解決問題概念的抽象程度決定了問題處理的範圍。概念的抽象程度越高，對應的訊息溫度越高，要實現這些概念所需增加的負熵存量也就越大。然而，有心並不一定有能力，核心知識能力決定了問題的處理程度。當解決問題的概念過於抽象，但核心知識能力不足時，即使有強烈的動機，問題也無法得到有效解決，量變到質變的過程不會發生。這樣就無法有新的負熵存量新增至智能實體中，去提升智能實體的信息量增益，智能提升的正向回饋鎖定機制也無法形成。

人會變得越來越聰明，是因爲智能實體信息量增益正向回饋的結果。當智能實體信息量增益高時，就能夠在短時間內產生足夠有用的負熵存量，對問題做有效處理，達到量變到質變的效果。而新增的負熵增量會被內化至智能實體中，會進一步提升知識庫信息量的增益。這使得人有動力去處理更複雜的問題，而問題處理後回饋新的負熵存量又使智能實體的信息量增益進一步增強，形成了正向的鎖定效果，人就越來越聰明。

學習的正向回饋和負向回饋

學生的知識學習過程和人在問題處理時，智能實體信息量增益的增長具有一定的相似性。學生在學習過程中，課程的難度會不斷的提高，若學生在預定時間內無法完成某個知識單元的學習，則在進入下一個更困難的單元時，由於其核心知識庫的信息量增益不足，將無法在限定的時間內完成學習，知識無法內化，導致其智能的信息量增益無法提升。

當核心知識庫的信息量增益進入負向循環時也會影響學習的動機，影響心力的投入。如果學生的學習沒有得到正向回饋，考試成績不理想，學習動機會降低，進而投入的心力會減少。在核心知識庫信息量增益不足且學習動機低落的情況下，會加速學習的負向鎖定效果，最終可能導致學生完全喪失學習興趣。隨著時間的流逝，他們先前學習的知識也會逐漸遺忘，最終學習效果趨近於零。

— 16 —
問題處理的供需理性

問題處理系統結構中，供給和需求是兩個關鍵概念。在問題處理過程中，主體主要考慮的是自身的需求，其理性在於如何解決所面對客觀系統的問題。而客體則提供給主體解決問題關鍵資源的支持，其理性在於如何獲得主體的認可和補償。

因爲人工智能是整個問題處理系統的一部分，人與人工智能之間的供需關係可能會產生矛盾，這些矛盾需通過理性來解決。我們需探討人工智能是否能滿足供給和需求理性要求，以及在什麼情況下能滿足。

供給理性和需求理性的定義和應用

供給和需求的區分在秩序建構對象的不同

供給與需求之間的主要差異在於其各自的目的和作用。客體供給的目的在於提供主體負熵存量，以構建其外在客觀系統實體的秩序。這意味著，客體專注於向主體提供必要的資源，以便主體能夠應用資源做有效地問題處理，以建構客觀系統的秩序。因此客體供給理性的核心在於如何用最少的代價提供最大的負熵存量，以提供主體建構秩序的資源，並獲主體給予最大的補償。

相對地，主體需求則關注於從客體所提供的關鍵資源獲取效用，以構建與主體自身相關客觀系統的秩序。需求理性的重點在於如何用最少的代價獲取最大的效用，即力求將所獲取關鍵資源做高效率的使用，以建構客觀系統最大的秩序度。

需求秩序建構的對象是客觀系統和主體自身

如果將需求視爲建構自身秩序的行爲，那麼從這個定義來看，主體之所以扮演需求者的角色，是因爲主體的生存與客觀系統的存在息息相關，主體與客觀系統構成共生體。只有當客觀系統的秩序被有效的建立才符合主體的利益。這客觀系統，可能是主體自身的生理狀態，亦或是其需要完成的任務。因此，將客觀體系的需求當作主體的需求，可以視作主體爲建立自我秩序而解決問題的表現。換句話說，解決客觀體系的問題，實質上是在建構主體自身的秩序。從這角度來看，主體即是需求者的角色。

客體提供負熵存量的目的在換取補償

對於客體而言，其與主體秩序的建立並無直接關聯。客體存在的目的，在於提供主體秩序建構所需負熵存量的資源，以換取相應的補償，這正是供給的本質所在。供給的理性，在於短時間內滿足主體的資源需求，而獲得補償。爲達此目的，客體必須具備高負熵存量的供給能力，即在短時間內提供充足、有用的負熵存量資源。

簡單來說，需求者在構建自身秩序，而供給者則在協助他人建立秩序。這正是需求與供給之間的本質區別。當我們對這兩種角色進行區分，可以明確看到，主體扮演的是需求理性的角色，而客體則擔任供給理性的角色。

供給和需求的秩序，負熵存量和效用

效用是需求的核心概念，它代表著對於恢復或維持客觀系統實體秩序所需有用的負熵存量。相對地，負熵存量則是供給的關鍵概念，指的是客體所建構的關鍵資源實體中所蘊含的負熵存量。簡言之，負熵存量是一種客觀存在的資源狀態，而效用則是從供給的負熵存量中提取出，對恢復或維持客觀系統實體秩序有用的負熵存量。

供給和需求角色的變換

客體在做產品開發時會轉換爲主體

然而，當客體在提供關鍵資源給主體的同時，如果碰到無法解決的問題，那麼他核心知識能力不足就成爲他要處理的客

觀系統的需求問題。在這種情況下，客體的角色便會轉變爲主體，去增進自己的知識能力，積累解決問題的經驗。一旦核心知識能獲得提升，就會在回復成客體的角色，去提供原本主體提出要解決問題的關鍵資源。

儘管客體建構的關鍵資源原本旨在滿足其他主體的生存需求，但該資源的建構過程，由於補償的獲得與自身生存緊密相連，也反映了客體自身的需求。因此，當客體爲提供主體關鍵資源而進行產品研發活動時，應將其視爲客體需求理性的體現。此時，客體會轉變爲主體的角色，將所要供給的資源視爲其客觀系統需要解決的問題，原本客體的供給理性會轉變爲主體的需求理性。

主體和客體的角色會互相轉換

因此，在擔任供給者角色的同時，客體可能需要轉變成主體，以構建其所要供給商品的秩序度，或是積累其內在核心知識能力。反之，當主體解決了其客觀系統的問題，建構了足夠的秩序度，累積了充足的能力後，他也可能轉變爲客體的角色，去滿足其他主體對秩序建構客體資源的需求。這種現象體現了客體與主體角色之間的互換，以及供給理性與需求理性思維之間的轉換。

這種角色與思維方式的轉換，突顯了客體與主體的角色不是固定不變的，而是根據實際情況和需求，會發生動態調整的過程。這種動態的角色轉換機制，對於理解複雜的經濟和社會互動關係至為重要。

時間是屬於需求理性判斷的因素

時間在問題解決過程中扮演著關鍵角色。對於主體的需求而言，如果問題無法迅速得到解決，一旦客觀系統失序狀態惡化，可能會導致問題變得更加複雜，需要投入更多的資源去應對，這違背了需求理性以少的代價建構秩序的基本原則。因此，迅速解決問題，並在問題尚未變得難以收拾之前，以較少的資源達成問題的解決，也是需求理性的重要體現。這種迅速解決問題的選擇，是在綜合考慮各種因素後做出的決定，旨在用最少的資源建立客觀系統的秩序度，以滿足主體的生存或生活目標。

完全理性

在使用 GPT 智能工具時，供給理性與需求理性的考量顯得格外重要。

然而當一個人能力不足，為了生存，他必須提升自己的核心知識能力，進而增強個人價值。從短期來看，GPT 的供給理性可能解決當前迫切的問題，獲得即時利益。然而，從長期來看，如果這導致個人問題處理能力的衰減，甚至威脅到自身生存，那麼這種做法就不應被視為眞正的供給理性。

無論是供給理性還是需求理性，其最終目標都應該是確保個體持續的生存與發展。因此，對於 GPT 提供的答案，如果僅僅基於供給理性的快速問題解決思維，不對 GPT 給出的答案進行充分理解。雖然短期內可能獲得金錢補償，但從長遠來看，這種做法可能會因爲個人問題處理能力的弱化危及個人的生存，因此不能被視爲眞正的供給理性思維。而對 GPT 答案所做的理解，實際上是從客體答案供給的角色，轉變爲主體需求的觀點，來審視客體自身能力提升的需求。對 GPT 答案的理解是供給理性和需求理性的共同考量。

如果我們將理性視爲一種完全客觀存在的概念，那麼單純的供給理性或需求理性都有其片面性，這樣的理性觀點就會受到質疑。

將有限的資源投入以建構客觀系統的最大秩序度，這可以被視爲一種完全理性的表現，即是供給理性與需求理性的融合。在追求供給理性的同時，也應該實現需求理性的目標。換句話說，供給理性與需求理性需要相互結合，只有這樣的完全理性才能避免被所有相關的人事物所否定。

—— 17 ——
GPT 答案的使用成本和交易成本

GPT 智能的使用成本

知識庫的選擇，使用成本的比較

哲學家維根斯坦曾指出，語言界定了思想的邊界，人類的知識範圍即是語言的範疇。人類所有知識的表達方式，基本上都是以文字形式呈現。因此，GPT 的知識庫對人類意義重大，它將人類以語言表述的知識外化，轉化成一個高智能的外化知識庫。

而這個 GPT 外化知識庫的意義在於，它構建了一個在人類大腦核心知識庫之外，另一個人們可以利用自身意識去取用的知識來源。這個知識來源的使用方式與人們存取自己核心知識庫的方法原理類似，它是人類知識庫的延伸，可以視爲是人所擁有的另一個核心知識庫。

當內化知識庫與外化知識庫呈現相同的形式時，人實際上擁有選擇的自由。如果是自己熟悉的知識，他可以從自身內化核心知識庫中去提取。然而，如果自身的內化知識庫不夠全面，他們可以選擇使用外化的 GPT 知識庫，使之成爲自己核心知識庫的一部分。從這個角度來看，外化的 GPT 知識庫成爲了一個可用的知識庫資源，可以補足個人內化核心知識能力的不足。

知識的使用成本可以被視作獲得知識單位信息量所需付出的代價。如果付出的代價高而獲得的信息量小，則使用成本高。知識的使用可以根據實際情況進行最佳選擇，即選擇成本較低且價值較高的知識來源。儘管從內化核心知識庫中提取知識的速度可以比從外化 GPT 知識庫中獲取的知識來得快，但當內化的知識不完整時，其使用成本仍可能較高。但是，若我們不清楚如何向 GPT 提問，或提出的問題不適當，導致得到信息量少的無效答案，那麼使用 GPT 的使用成本就會較高。

GPT 使用成本的考量

當面對熟悉的問題時，我們通常能夠直接從自己的核心知識庫中獲得解決問題的答案，這樣做的使用成本最低。然而，在遇到非專長領域的問題時，我們需要從外部獲得關鍵資源。這時我們面臨的選擇是從其他人的專家知識庫中獲取資訊，或是使用 GPT 的知識庫，這涉及到人類專家的知識庫與 GPT 知識庫使用成本的比較。

GPT 知識庫和人的專家都可以成爲提供主體關鍵資源知識的客體，這時主體會如何選擇？如果 GPT 知識庫使用方便且成本低，則基於經濟的考量，主體可能會選擇使用 GPT 知識庫來解決問題，而不是聘請專家。但若向專家提問雖然經濟成本代價高，卻能獲得更有價值的答案，即使付出的代價較多，相對的使用成本仍然可能較低。

如果主體能夠準確提出問題，GPT 便能給出有用的答案，這樣使用 GPT 的成本就相對較低。但如果主體不清楚如何提出問題，或者 GPT 的回答無法滿足主體的需求，那麼使用 GPT 的成本便會相對較高。相比之下，如果主體能夠向專業人士提出問題，並透過交流得到所需答案，這種方式的使用成本可能就會相對較低。

此外，考慮到 GPT 是電腦應用程式，可以隨時隨地提出問題，而向人提問則需要安排時間和地點，有額外的交通成本和時間成本。因此，從便利性的角度來看，使用 GPT 的成本可能會較低。

還有需要考慮到人和 GPT 提供的答案的主觀價值。如果 GPT 提供的答案雖快速但準確度不高，那麼即使提問成本低，相較於從專家得到的答案，其使用成本仍可能較高。

因此，若 GPT 知識庫的使用成本低，主體將會選擇使用 GPT 的知識庫。反之，如果人類知識庫的使用成本低，則會優先選擇使用人類的知識庫。

如何統整不同資訊成爲關鍵資源

在處理問題時，人們確實擁有許多不同的知識來源，例如向老師提問、透過 Google 搜索訊息、從書籍中獲得知識、向 GPT 提問，或從自己的核心知識庫中提取訊息。每一種訊息來源都具有其獨特的價值和限制。爲了以最低的成本獲得最多的信息，主體所依賴的關鍵在於其訊息處理能力，即能否在最低的使用成本和交易成本下，從各種不同的知識來源中獲取所需信息。

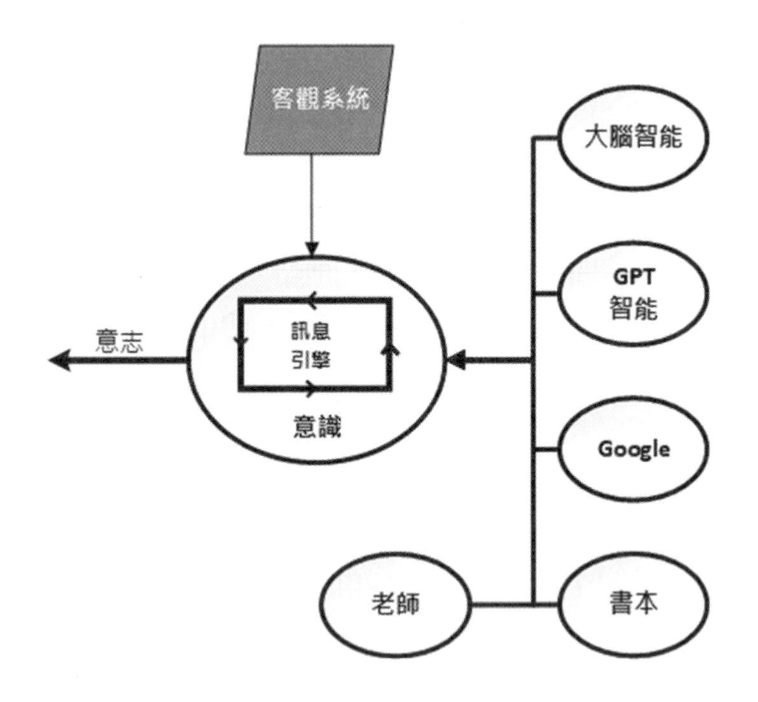

圖 42，意識智能實體的知識來源

使用 GPT 答案的交易成本

表象背後眞實的重要性，理解降低交易成本

交易成本是指在客體提供關鍵資源給主體的過程中，主體爲了處理資源結果不確定性而需承擔的成本。當我們對 GPT 人工智能提供的答案有所疑慮，卻仍嘗試去使用它，這實際上是一種風險承擔。風險本身可以被視爲一種成本，當這種成本增加時，將會影響到資源使用的效率。

當部屬需要向主管提供建議時，這些建議可能來自於 GPT 生成的答案，這些答案是基於 GPT 知識庫中外化前人的知識和經驗而來。然而，當主管接收到這類答案時，如何確認其答案的可用性就成爲一個問題。

如果建議是部屬基於自身的思維和問題處理方式所提出的，當主管有疑問時，他可以直接詢問部屬。部屬能夠就其建議的如何而來、考量的因素和存在的限制條件進行解釋。

但當部屬的建議是基於 GPT 的答案時，情況就變得更爲複雜。GPT 所提供的僅僅是答案，而不包含背後的思維模式和問題處理的概念，這可能會導致主管對答案的信任度降低。如果部屬僅僅是提供 GPT 的答案，那麼主管實際上可以直接向 GPT 詢問，這樣一來，部屬的存在價值可能會受到質疑。

因此，部屬不應只是單純提供 GPT 給出的答案，而需要對 GPT 答案的來源進行深入的解構，理解其背後來源的因果關

係，並將這些答案視爲自己的思維成果。只有當部屬充分理解了答案的合理性，他們才能將這些結論提交給主管。在主管詢問答案建議的原因時，部屬才能解釋這個答案的思考邏輯，這樣主管才能基於部屬的論述來判斷答案的合理性。

這樣，部屬利用 GPT 做爲解決問題的關鍵資源才有它的合理性，不僅增進問題的處理效率，而且確保答案的可用性，降低使用 GPT 提供答案的交易成本。

人如何建立對 GPT 給出答案的信任

GPT 所提供的問題答案是一個既定事實。然而，只有在對這些答案的來源與因果關係有足夠的理解之後，我們才能眞正有效地利用這些答案。如果無法做到這一點，那麼這些答案對我們而言就無法完全發揮其應有的效用。

在沒有人工智能的時代，學生遇到問題會詢問老師，老師不僅會給出答案，還會解釋答案形成的因果關係。這種對因果關係的理解，是學生對答案產生信任的基礎。與之相比，雖然 GPT 也能提供答案，但它不一定提供答案形成背後的原因。因此，當問問題的人無法理解這個答案，他也不會對這個答案產生信任。

在傳統的學習模式中，答案來自於老師個人的知識庫，學生對老師的知識和能力有信心，相信老師對答案的因果關係有充分的理解。這種信任往往建立在類似於名校效應的基礎上。當學生對老師給出的答案有疑問時，還可以進行進一步的討論。

儘管 GPT 提供的答案是人類文明智慧的結晶並具有一定的可信度，我們甚至可能賦予它類似於名校效應的信任，但如果沒有繼續和它對話，探究答案深層的因果關係，我們對於 GPT 答案很難建立完全的信任。因此，如果使用 GPT 的人缺乏相應的知識能力，他們就無法有效利用 GPT 的資源。

對於 GPT 的使用者而言，他們需要找到一個能夠理解 GPT 答案的可信賴對象，幫助他們理解並建立對 GPT 答案的信任。如果使用者不願意尋求他人的協助以理解 GPT 的答案，那麼他們自己就必須具備相關的知識能力來進行理解。在這種情況下，使用者不僅需要有解決問題的思維能力，還需具備相關的專業知識，使得他們在使用 GPT 時既是問題的提問者，又是答案的理解者。

一個人要同時扮演提問者和理解者的角色，則他所需的知識範疇將變得更為廣泛。如果他不願意這麼做，他可以將這項任務交給另一位具備豐富專業知識人的客體來對給出答案和進行理解。由於 GPT 是一個高效的知識庫，可以為專業人士提供各種問題的答案，而該專業人士又具有理解 GPT 答案的能力，從而降低答案不確定性的交易成本。在這種情況下，原本可能需要多人合作才能完成的工作，現在可能僅需一人即可完成，這樣人與 GPT 合作就可提高客體的工作效率。

| 第四部 |
GPT 的矛盾與化解

18
人與人工智能關係的矛盾

人與人工智能之間存在著矛盾關係，源於它們在本質、目的和手段上的差異。當人工智能的智能程度超越人類時，可能導致人的異化，使人失去主體性，成爲人工智能的附庸。而對此矛盾的化解，須從人處理問題的角度來做思考，認清人與智能在問題處理過程中的角色。

GPT 對現代人的異化

人工智能時代的變革，以工業革命做爲對照

人工智能時代的到來與工業革命時期有許多相似之處。在工業革命期間，機器生產力的興起取代了大量人的勞力，推動了經濟發展，但同時也挑戰了人的存在價值。這種變革引發了諸多社會矛盾和衝突，例如勞工與資本家的對立，進而導致社會不穩定的問題。

這種不穩定主要體現在兩個方面：一是生存價值改變引起

的社會經濟系統不穩定；二是人在被機器取代後，可能產生的心靈虛無感，進而對其在社會的存在價值造成動搖。

在工業革命時期，大多數工作依賴勞動力獲取薪酬的報償，而當勞動力被機器所取代，這使得機器對個人生存構成威脅，成爲工業革命時期人被異化的一個主要原因。在人工智能時代，人工智能可能在各領域取代人類的智能勞動，對人類的存在價值產生了新的挑戰。因此，無論是在工業革命還是人工智能時代，科學和技術進步都對人類社會的穩定性和個人價值產生了深遠的影響。

在工業革命時代，工人爲何會被異化

異化描述了人主體性的喪失。在工業革命之前，工匠可以掌握一件作品從創意到生產的整個過程。然而，工業革命強調生產效率，分工成爲提高效率的手段。在分工的情況下，一個工作會被拆分成許多細節，人像機器一樣工作，無法掌握整個生產的過程，失去了對工作的主動性和控制權。人意欲向前，人的本質具有創造性，當機器的生產取代了人工生產，導致人創生的本能被抑制，這就是一種異化。而在現在，人工智能的出現重現了工業革命當時人被異化的可能情景。

Alpha GO 挑戰了圍棋的存在價值

現實的例子，當 Alpha GO 成功擊敗人類最厲害的圍棋高手時，使得原本以圍棋爲專業的棋手無疑深感震撼和失落。他

們的棋藝被一台機器所超越，這樣的情況肯定會引發他們對自身存在意義和價值的深度反思，甚至可能讓他們陷入到某種程度的迷茫與困惑之中。

在「圍棋 AI 對職業圍棋界的影響」一文中，作者 Hajin Lee 闡述了 Alpha GO 的出現，對韓國職業圍棋界所產生的影響：

圍棋曾經是一種極受歡迎的活動，人們的智力常常通過圍棋的表現來衡量。然而，一旦智能機器擊敗了圍棋大師，就會讓人產生一種錯覺：即使你的圍棋技藝再高，也並不代表你的智力超群。當機器能夠取代人類在圍棋這種領域的表現時，這就成爲了 AI 對人類衝擊的一種體現。

以往，棋手就像學者或僧侶一樣，他們的職業既是追求知識，也是追求精神上的修養。但是，隨著圍棋 AI 的出現，這種職業的意義發生了變化。許多棋手不再追求圍棋的道路，而是轉向其他職業。對於圍棋的價値觀也發生了改變，許多職業棋手選擇了放棄。

此外，因爲圍棋 AI 也成爲了學習圍棋的工具，因此很多做棋藝教育棋手的生計也受到了影響。當棋藝指導的需求減少，他們的生活就變得困難起來。在圍棋 AI 出現後，韓國職業圍棋界的價値觀也發生了變化，而且出現了勞動力的轉移。這也可以被看作是「AI 導致的失業」的一個例子。

Alpha GO 對圍棋棋手的衝擊，其實主要體現在特定的專業領域上，對於大部分的人來說，他們的日常生活與圍棋的聯繫並不直接，因此這種變革對他們的影響可能並不顯著。然而，它卻為我們揭示了像 GPT 這樣全方位的人工智能發展可能帶來的影響，讓我們對未來可能發生的轉變有了更為深刻的思考。

GPT 人工智能挑戰了所有人存在的價值

正如我們見證韓國職業圍棋界的變化一樣，GPT 人工智能在未來各行各業所帶來的影響將遠超過我們目前所能想像。

GPT 展現的是一種通用生成智能。它不僅能夠通過律師專業資格考試，甚至能夠超過 90%的人；它有能力成功獲得程式設計師認證，還可以為人們創作文章，幫助撰寫電子郵件，甚至製作簡報。這些能力已經超越了許多專業人士的能力範疇。因此，GPT 所帶來的影響，並不是像 Alpha GO 般只對圍棋棋手存在價值的挑戰，它的影響已經擴展到這個世界的廣大人群。

人工智能對人主體性的異化

「異化」這個概念描述的是人的主體性被另一個存在實體所制約的狀態。然而，主體性的含義不僅僅是想成為自己的主人那麼簡單，它還涉及到是否擁有對抗那些試圖制約自己力量的能力。

例如，在工業革命之後的 19 世紀和 20 世紀初期，許多東方國家遭到西方國家的殖民。這種殖民過程並非因爲被殖民國家不想發揮其主體性，而是他們的主體性無法發揮，無法對抗一個更高等文明對自己國家的制約和影響。因此，如果人類無掌握人工智能的能力，那麼人類很可能會受到人工智能的制約，這將會是一件需要警惕的事情。

人對 GPT 生產力的掌握

馬克思認爲，生產力的變化推動了整個社會的轉變，而生產力的核心在於生產方式。GPT 的出現無疑將對未來人類的生產方式以及生產力產生重大的推動作用，這種生產力的改變將引起整個社會的重大變革和轉移。

然而，歷史的經驗告訴我們，工業革命後生產力變革引發了人在社會存在價值的不確定，導致了人類在文明發展上的重大災難和痛苦。工業革命生產力的移轉，間接導致兩次世界大戰的發生。因此，如何避免 GPT 生產力轉移可能引發的社會災難，對於如何掌握 GPT 生產力理念的提出變得極爲重要。

人核心知識能力不足的矛盾

核心知識能力不足產生的矛盾

人與智能之間的矛盾源於人對自身智能水平的不足，無法解決面對的問題。例如，一名學生期望考試得 90 分，卻只得到

80 分，這 10 分的差距便成爲矛盾的根源。具體來說，這是學生的期望與實際結果之間的落差。通常，這種差距是由於學生核心知識能力不足所致，解決方法在於提升其核心知識能力。

然而，當比較的對象涉及到高度智能的系統如 GPT 智能機器時，人機之間的矛盾問題會變得更加複雜。假設有一名成績優秀的學生，考試成績長期維持在 90 分以上，遠超越其他同學。但隨著 GPT 的出現，若其在考試中表現更加出色，則這學生和 GPT 之間可能形成競爭關係。更進一步，如果考試成績與就業機會相關，企業可以選擇使用 GPT 還是聘用人，這樣的競爭就會引發人與 GPT 之間的矛盾。

例如，一位老闆在需要程式設計技能的工作時，會考慮選擇已經通過考試驗證的 GPT 工具，還是聘用這名在考試中得到 90 分的學生。這樣的情況下，學生與 GPT 形成對立。這種對立直接影響到學生未來的生計，成爲學生需要解決的矛盾問題。

提升自身智能不是解決與 GPT 矛盾的方法

人與 GPT 之間出現的矛盾主要源自於人的核心知識能力與 GPT 相比相對不足。而這與人和人之間的競爭不同，僅僅想透過提升核心知識能力並無法完全解決問題，因爲人的智能水平的廣度可能很難達到與 GPT 相當的程度。

在這種情境下，我們需要重新思考人使用知識智能的眞正目的。人使用知識智能的目的不僅僅是爲了提供答案，更是一個解決現實問題的過程。在這個過程中，不僅需要智能的專業知識能力，還需要人思考問題解決的思維能力。

GPT 在這方面更像是一個工具或資源，它能提供專業知識和資訊，但缺乏人的整合和思維能力。換言之，問題的提出者和解決者仍是人，而 GPT 是回答特定問題的關鍵資源。人需要明確他們要解決的問題是什麼，用什麼概念來解決它，並建構這個概念作用的系統解構。通過這樣的解析，人才能明確他們真正需要問 GPT 的問題，以及期望的答案是什麼。這種問題解析和提問的思維能力，正是人相對於 GPT 所獨有的。

解決人與 GPT 矛盾的方法，核心思維能力

GPT 做爲一種被動的知識智能，主要扮演著資源或工具的角色。在過去，這類知識資源可能來自於人們自身的經驗、專業書籍、教育機構或網路資料搜尋等。GPT 利用人工智能加速訊息的搜尋和整理，大大提高了訊息處理的效率。

從主體使用者或問題解決者的角度看，GPT 的出現提供了一個強大知識庫的智能資源。雖然 GPT 的知識庫智能可能超越個體人核心知識庫的智能範圍，但這不應被視爲對人的威脅。做爲主體，人可以充分利用這一工具，將其龐大的知識庫轉化爲自身的優勢，自身可用的資源。

然而，如果人只將自己與 GPT 同樣定位爲知識資源的「客體」角色時，這才是矛盾和壓力的來源。在這種情況下，人會感受到來自 GPT 競爭的壓力。實際上，這種矛盾和壓力主要源

於人對於自身的角色認知。只要人將自身從被動知識提供者的客體角色轉變爲主動問題解決者的主體角色，這些壓力和矛盾便會自然消解。

因此，當人缺乏主體的思維能力時，容易陷入以客體自居的局限。要解決這一問題，人需要提升自身的主體認知和思維能力。這樣，人不僅能更有效地利用 GPT 等智能工具，也能避免不必要的矛盾和壓力。

教育模式的變革

教育的一個重要目標是培養學生未來的競爭力。隨著 GPT 和其他人工智能技術的普及，思維能力將成爲未來競爭力的核心要素。因此，學校教育需要重新思考其教學目標和方法，尤其是在培養學生思維能力方面的努力。

過去，學校教育主要集中於傳授專業知識，以提升學生的智能和生產力。然而，在人工智能的社會背景下，我們需要進入一個新的教育階段。這個新階段不僅僅是專業知識的傳授，更是思維能力和核心知識的綜合培養。

核心思維能力和核心知識能力的心智統合

因此，在 GPT 人工智能普及之後，原本依靠智能資源解決問題的人們需要提升自己的思維能力，並學習如何更有效地利用 GPT 智能資源。他們還需強化自己的核心知識，以便更精確地理解和應用 GPT 產生的訊息，從而促進有效的創新和發展。

對於那些已經在使用 GPT 來輔助問題處理的人而言，加強專業知識變得尤爲關鍵。只有這樣，他們才能具體化自己的理解和思考，進而在這個競爭激烈的新時代中脫穎而出。如果能夠達成這一目標，他們將有獲得更大的競爭優勢，避免被市場淘汰。

所以，在面對 GPT 新智能的時代，人需要變得更聰明，而非讓自己變得更笨。這不僅能提升個人的心智能力，也有助於我們適應這個不斷變化的智能時代。

人與人工智能的主客關係

人與人工智能的倫理關係

在人工智能的發展過程中，我們必須正視人與人工智能機器之間的角色關係。GPT 做爲一種人工智能，無疑是人類創造的工具。即使它能夠執行特定任務並提供信息，但它仍然缺乏人所具備的創造和主動思考能力，不能取代人在問題解決中的主體角色。因此，我們應將人工智能視爲一種客體的關鍵資源，而非替代人的主體角色和價值。

人的思考能力是其價值所在，但如果 GPT 的思考能力超越人的思考能力，這是否可能？如果眞的發生，又會帶來什麼影響？

目前我們還不能確定 GPT 的智能會達到何種程度，但必須牢記的是，對人類而言，GPT 人工智能應該承擔的是客體角色，而人始終是這個世界的主體。做爲主體的人應具有主動的思維能力，而將 GPT 做爲解決問題的客體資源。人絕不應將自身的主體性讓渡給 GPT，以防 GPT 取代人作出決策。

即使在未來，通用型人工智能（AGI）被眞正實現並具備一定程度的主動性，人類依然需要堅守自身的主體性，與之對抗，並進行超越。

不要將主體性讓渡給機器

在當今社會中，我們容易將自己的主體性讓渡給第三方，如父母、老師、主管或領導者。這種主體性的讓渡反映了個人核心思維能力的缺乏，無法主導自我思維的主體性。

例如，當學生在學習解決問題的過程中被老師所主導，僅按老師給的方法去做，卻不去思考這問題解決的方式與其因果關係，如此學生就失去了學習的主體性。這種被動接受指示的行爲模式與只會接收指令的機器無異。如果人失去思考的主體性，那麼他很可能會被機器所取代，由機器來教導他如何去處理事情，並且無法質疑機器給出的答案，這對人未來的生存會帶來極大的危險。

人是善良的，父母愛護我們，老師教導我們，這些角色都有情感且可溝通。但機器無情感，若人被機器操控，其後果將讓人擔心。

GPT 虛擬主體的概念

在人類文明的演進歷程中，資本主義提倡的供給理性思維，即透過提升生產力來創造更多財富，並進一步通過機器來取代人的勞力和智力，以實現供給累積財富的目標。供給理性的核心在於由供給主導需求。例如，人們是否需要使用 iPhone 手機，這個判斷實際上是由蘋果公司來定義的。換句話說，消費者的需求被供給者定義，蘋果公司基於自身虛擬主體的角色開發他們認爲消費者需要的商品，從而以供給者的角度來定義消費者的需求。這樣，消費者在需求形成過程中的主體性逐漸被供給者所替代。

微軟的 Copilot 引入 GPT 技術於其產品中，以協助使用者整理會議資料、撰寫會議報告、編寫電子郵件及製作簡報等。從本質上看，這也是一種供給理性思維的體現，即提升生產力的策略。雖然 Copilot 被強調爲輔助角色，但使用者需留意的是，這個所謂的「協助角色」是否會逐漸取代使用者的主導地位，導致使用者的主體性被削弱，並影響他們問題的解決能力。

人的客體做爲主體與 GPT 的中介

在企業運用 GPT 智能提升生產力的過程中，GPT 智能和勞工之間將產生競爭關係。如果勞工的效能不如 GPT，他們的職位可能會被 GPT 取代。

解決這問題的一種方式是將勞動的客體地位提升爲 GPT

客體與主體之間客體中介的角色。若原本主體將 GPT 視爲客體資源，那麼使用 GPT 的主體需要對 GPT 的使用全權負責，必須具備有廣泛的知識能力。但如果將 GPT 視爲勞動客體的關鍵資源，而勞動客體依然是原本主體的客體的角色，這樣便可形成新的主客關係。

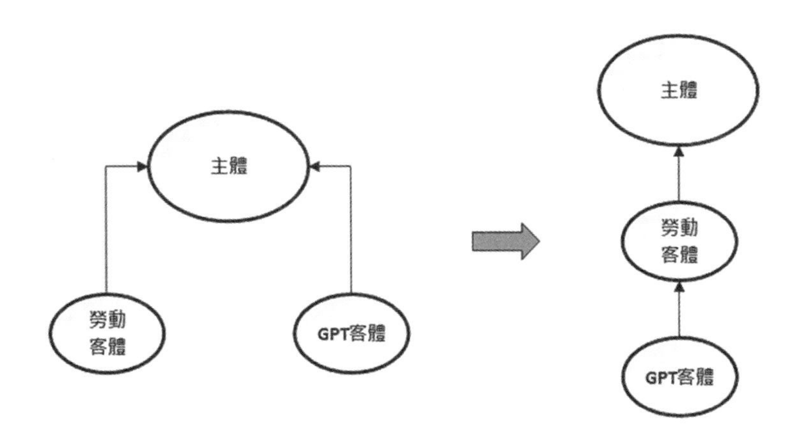

圖 43，客體做爲 GPT 與主體之間的中介

這種關係的優勢在於，客體的核心知識能力能夠理解並掌握 GPT 的智能，將其與自身的智能統整爲解決問題的關鍵資源，並成爲主體更有力的客體資源。

因爲 GPT 所提供的解答會隨著問題變化，需要人參與理解和評斷。若無勞動客體做爲中介，所有評斷都須由主體承擔，若主體無法有效處理大量訊息，則訊息處理效率將下降，成本增加。

因此，人需從被動角色轉變爲主動角色，與人工智能共同工作，進一步提升人的價值。在人工智能的時代，這種角色轉換是必要的。

—— 19 ——
主體理性對 GPT 的制約

在人工智能時代，人需明確認識到自己與 GPT 的主客關係，確保不被 GPT 所取代。人應運用理性來審視和限制 GPT 代表的價值觀，防止其替代人的價值觀和判斷。

爲了避免被 GPT 異化，人類必須保持主體性，即自我立法，並根據規範和價值觀進行價值判斷和問題處理，人才能主導問題解決過程，確保 GPT 智能成爲工具而非主導者。

GPT 答案的主觀性對人的制約

GPT 與客體之間主觀性和主體性的關係

GPT 是一種被動的人工智能，無法獨立運作，必須透過人的客體做爲中介。即使是主體在尋求 GPT 的關鍵資源支持時，也需要轉變成客體角色，以客體的身份向 GPT 提問。GPT 所提供的答案還需經過客體意識理性的處理後，才能成爲提供給主體最終的答案。因此，如果客體清楚地知道自己需要扮演的角色，並且懂得如何履行客體角色的職責，那麼他就具有客體的主體性。

客體的主體性體現在其理性判斷的能力上，即判斷 GPT 所提供的答案是否合理，其所表達的價值觀是否符合道德原則。只有經過客體的認知處理，GPT 的答案才能做爲關鍵資源提供給主體，這就是客體主體性的體現。

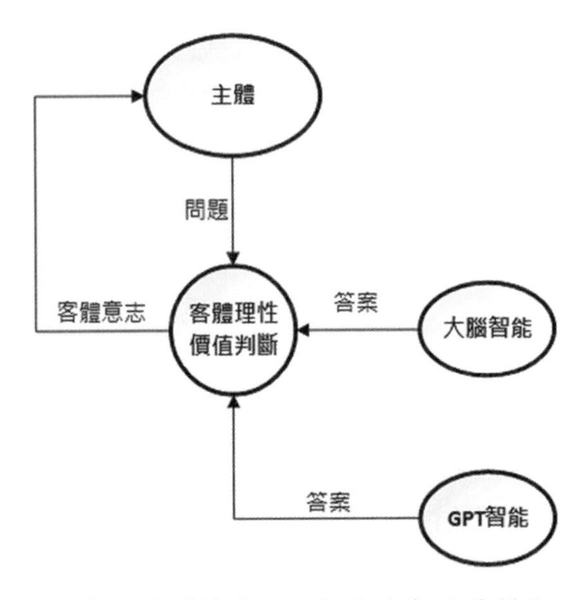

圖 44，客體主體性對 GPT 智能主觀性的制約

如果客體無法判斷 GPT 所提供的答案是否正確，或者無法確認該答案是否能眞正解決問題，又或者無法判斷其答案是否符合道德倫理和理性價值觀，那麼客體便不具備主體性。

主觀性源於人的經驗，而 GPT 的知識庫是集合了眾多人類知識和問題處理經驗數據資料的統整。數據資料來源有主觀性，因此它建構的知識庫智能有主觀性，使得它所回答問題的答案也具有主觀性。由於客體需要對 GPT 提供的答案負全部責任，GPT 的主觀性必須受到客體主體性的制約。

GPT 本身不是一個具有主體性的智能實體，它僅僅是一個工具，只有主觀性。真正具備主體性的是客體——即具有心靈人的實體。

GPT **無法自己認知道德規範，須受客體制約**

探討 GPT 答案的主觀性及其對問題處理的影響確實是必要的。例如，一個基本的問題是 GPT 生成的答案是否符合社會通用的道德規範。如果 GPT 生成的答案涉及種族歧視或偏見，或僅僅爲特定立場或個體的利益服務，這樣的結果可能會遭到其他人的反對。這種反對是對其存在的不信任和拒絕接受的表現。

然而，我們必須認識到，GPT 是一種被動的智能，其運作受限於客體的理性。因此，如果客體有意進行不理性的行爲，他們可能會利用 GPT 來實現這一目的。但這並不表示是 GPT 的主觀性導致了這種不理性行爲，而是由於客體的不理性意圖所主導。因此，即使 GPT 生成了包含特定價值觀的答案，但是它依然要受客體自身理性的價值觀所制約。

因此，對 GPT 的使用設立規範是極爲重要的。使用者是人，而人性的善與惡是道德的問題。我們需要通過法律或道德來規範人的行爲，以限制其使用 GPT 可能發生的不理性行爲。這不僅是關於 GPT 價值觀是否理性或道德的討論，而是需要進一步對其使用者的行爲進行規範。

GPT 外掛的主體性

GPT 的主觀性是來自於其訓練過程中所使用的大數據資料。當 GPT 的知識庫形成後，其內含的價值觀會以經驗的形式展現，使 GPT 給出的答案具有主觀性。

另一方面，如果我們對建構 GPT 知識庫的大數據資料對其進行價值觀的審查，從而使其在一定程度上具有價值判斷的能力，那麼我們可能會認爲 GPT 具有某種外掛的主體性。但這種人工賦予的主體性有時可能與使用者的主體性發生衝突，這時就需要決定應該優先考慮那一種主體性。

GPT 的主體性與人的主體性在判斷能力上存在巨大差異。即使 GPT 表現出某種主體性，實際上也無法與人的主體性相抗衡，對 GPT 答案接受與否仍然取決於使用者。此外，如果對 GPT 的輸出施加過多外掛價值觀的限制，可能會限制其智能的最大效用，導致它的存在被人的主體性所制約和排斥，甚至因此而不被使用。

客體被 GPT 主觀性的價值觀給制約

在理想的情況下，我們應該更加強調人的理性思考和價值判斷能力，讓人主體的理性成爲導引 GPT 智能的關鍵。如果人的主體性導致 GPT 產生錯誤結論或被用於不良目的，則應該通過對其主體不理性的行爲進行糾正，而不僅僅依賴 GPT 外掛的主體性對 GPT 的價值觀做審核。畢竟，價值判斷是人核心價值的一部分，而 GPT，儘管具有智能，卻缺乏主動的價值判斷能力，因此要藉由人的主體性來替代 GPT 物的主體性。

如果通過人工審查的方式給予 GPT 主體性，對每個其生成的訊息進行審查，由於涉及的心力過大，實際操作上會極爲困難。而且難以避免 GPT 外加的主體性和人的主體性產生對立和衝突的情況發生。

除非未來我們能夠發展出一種具有自我意識的通用人工智能，能對其產生的答案進行價值判斷，並對自己給出的答案負責。否則，在那之前，我們仍需依靠人的主體性來對 GPT 產生的答案進行價值評斷和理性制約。

GPT 過去的經驗未必適用於現在

GPT 人工智能的智能模式是基於過去累積的經驗，以提供當下問題適切的回答和應用。因此，當 GPT 智能做爲客體關鍵資源回應主體的提問時，難免展現出一定的經驗性和主觀性。過去的經驗雖有助益，但不必然適用於每種情境。若客體未對此進行適當的制約和判斷，可能會導致 GPT 的經驗性取代客體本身的判斷。在解決問題時，客體應根據當前的實際狀況對 GPT 的答案進行適當的調整。

這種情形與人嘗試用自己過去的經驗解決當前問題的做法相似。這就好比父母試圖以自己的經驗，強迫孩子接受以自己的方法解決其所面臨的問題。在這種情況下，孩子做爲問題處理的主體，但卻無法掌握問題處理的主導權。因此，當孩子的主體性尚未發展完全，他們的主體性可能會受到父母（做爲客體）主觀的經驗所制約。

因此，對人們而言，如果未能培養足夠的主體性，從自己的視角去面對問題的解決，僅依賴 GPT 的過去經驗來應對當前的問題，則問題未必能解決，且不利於自身主體性的養成。

主體性的定義，爲自我立法

主體性的定義，爲自我立法

人工智能無法成爲眞正的主體，其主要原因在於它們缺乏自我意識的反思能力和創造力，亦即康德所謂的「自主性」，即個體自主自律的意識行爲。人的自主意識使其能夠認識自身的存在，進而反思自我存在的價值，並爲自己的行爲設定規範。存在即思考，當人能夠思考並認識到自我時，他便具備了自我意識。反思是對自我存在價值的探求，而其價值則體現在行爲上。因此，人需爲自己的行爲設定規範，這些規範包括我們應該做什麼、如何選擇、目標是什麼、如何定義與社會和與他人的關係、以及如何認識自己的角色等，這些都是主體意識的一部分。

主體意識的核心是個體爲自己所設定的規範，而這些規範必須依循理性的原則。理性不僅是解決問題的客觀方法，也是定義人際關係的客觀基礎。此外，理性必須與自然法則相符合，使個體能在自然中生存。如果一個人違背理性的客觀規範，他的存在將喪失價值，會受到自我、社會及自然的否定。

因此，個體的存在涵蓋個人、社會和自然的層面，個體對自身的立法和自我意識的核心觀念，都必須遵循理性的立法原則。這種理性爲自我立法概念，即是主體意識的核心理念，代表著個體「爲了自我存在而立法」的核心意識。

自我意識理性的主體性要否定所有對自我的否定

因此，自我意識必須給予自身存在一種全面的意義。每一個個體的存在都具有主體性，是個體生命存在的權利。這種權利能否得到拓展，取決於個體的認知。如果個體的認知不符合理性，那麼該個體將無法在這個世界中持續存在，最終可能會被這個世界所否定。當個體面對存在的問題時，可能會遇到自我否定、社會否定和大自然的否定。而主體意識的目標，就是要清楚地認識到個體存在的本質，並能夠否定所有對自我的否定，從而確保個體的存在。

這些能力是 GPT 人工智能所不具備的。GPT 存在於一種被動的狀態，它缺乏自我意識的反思能力，無法對自身存在賦予全面意義，也無法進行自我立法，因此無法成爲眞正的主體。

主體性是綜觀全局的系統思維

對於外在實體的認知，需要以系統的觀念來看待

當主體面對外在客觀事物時，其意識的核心理念必須包括能夠掌握客觀事物整體的系統做爲考量。這個「整體」是系統的概念，不僅涉及事物本身，還包括事物存在的周邊環境及所有相關元素，並需深入理解這些元素間的互動關係及其對整體作用的影響。這種對整體系統的思維能力才是人主體性的重要體現。因爲只有深入理解整體系統，人才能眞正掌握事物的發展脈絡。

GPT 做爲人所面對的外在事物之一，如果將 GPT 人工智能的存在視爲人思考系統的一部分，則我們必須將其視爲人思考系統整體的一環進行考慮。這樣才能幫助我們避免偏頗地看待問題，或造成系統結構的混亂。換句話說，我們應該將 GPT 視爲人類思考體系的延伸，而非獨立的實體，這樣我們才能更全面、更有效地利用它，使之不成爲失誤和問題的來源。

解決局部的問題系統依然不穩定

功能是元素集合的系統，如果無法從系統整體角度來思考，就可能導致系統作用的不穩定，從而影響系統功能的執行。換句話說，我們處理問題時，僅從局部角度來思考問題，只考慮到某些特定元素，而沒有考慮到這些元素對整體系統的影

響，就可能引發更多問題，導致整體問題的解決變得更加困難。因此，對問題進行系統整體的考量就極爲重要。

自然科學關係到人的因素，也應該以人的系統來看待

還原論是自然科學知識建構的一種方法，它專注於研究大自然中存在的客觀物質實體，並排除所有人爲因素，只關注於客觀物質實體本身。然而，科學理論的建構者是人，是人的思維對現象做統合，目的是讓人的主觀思考趨近於現象客觀事實，讓科學知識得以建立。因此，科學知識的建構本身是人的思考活動，對自然科學知識的探討，實際上仍然離不開人的因素。

科學知識是通過人的思維建構的，然後經過實踐和驗證過程去確定這些知識的有效性，雖然結果是客觀的，但過程仍包含人思考過程的主觀性。因此，即便是自然科學知識的建構，其本質仍是問題處理系統中的訊息處理。換言之，對於科學知識的建構，我們需要考慮的不僅是外在客觀的現象，還應該考慮其在整個問題處理系統中的角色和作用，以及人在這個系統中角色的作用目的和原理。

把 GPT 因素放到問題處理系統結構做考量

GPT 人工智能在改變訊息狀態方面發揮作用，它是人思考系統的一部分，而思考是人問題處理的一部分，因此也包含在人問題處理系統之中。因此，我們必須將 GPT 的發展納入問題

處理系統中進行思考，這樣我們才能夠清晰地看到 GPT 對整體問題處理系統造成的影響。這對於主導問題處理系統運作人的主體性來說是重要的，如此它才能掌握 GPT 對問題處理所產生的作用，並利用這種作用去提升問題處理的效能。

換句話說，主體需要理解 GPT 智能如何改變了問題處理的方式和流程，並根據這種改變，調整自己的問題解決策略和方法。如此，主體才能充分利用 GPT 所提供的智能，並將其有效融入人類的思維和問題處理的行爲模式之中。

理性辨證法的核心思維概念

掌握問題處理系統的整體，也是在人工智能世代當好一個主人的關鍵。主人或者是主體，是一個能夠縱觀全局的人，而縱觀全局就是一個系統的概念，而這個系統就是問題處理系統，是人建構秩序的耗散結構系統。

核心思維是人對整體問題處理系統的思維。思維要有方法，而理性辯證法是人掌握問題處理系統實踐的一種方法。他要知道整體系統的結構，如針對問題去形成概念，也要知道辯證邏輯實現概念的方法。只有對理性辯證法做全方位的理解，那麼才能夠去養成一個人主體的核心思維能力，將 GPT 人工智能的工具納入到人解決問題的思維體系之中。

理性辯證法正是一種考慮問題整體系統結構的方法。無論是在解決自然科學中的自然現象，還是處理與人類相關的社會科學問題時，理性辯證法都是一種有效的系統方法。這種方法能幫助人們理解事物的本質，將各個部分與整體之間的關係納入考量，從而對問題作出更全面、更深入的解答。

爲了評估 GPT 技術對現行教育體系及整體經濟的影響，我們也需採用問題處理系統結構與理性辯證法的思維方式進行分析。將教育系統和經濟系統轉化爲問題處理系統，並將 GPT 納入此系統結構中，是理解 GPT 在教育和經濟體系中角色和意義的關鍵。

問題處理系統是訊息處理和建構秩序的系統，經濟系統涉及貨物交易和金錢流動，教育則是老師與學生間知識的傳遞。將經濟系統和教育系統轉化爲問題處理系統，需要將其人事物關係抽象成訊息流動的關係，並將 GPT 做爲訊息處理的智能元素納入其中，從而使 GPT 能夠在經濟系統和教育系統中發揮作用。

問題處理系統是訊息處理的系統結構，而理性辯證法是建構在問題處理系統之上，一種抽象且高階的思維方法。人透過問題處理系統的結構，去處理客觀系統失序狀態所引發的矛盾問題時，就是理性辯證法。其中理性包括價值的判斷，而辯證是在達到問題解決目的的理性方法。

當一個與人有關的存在系統，其目的是爲了建構秩序，解決存在的不確定性時，它都可以轉化爲問題處理系統的結構，用理性辯證法的思維方法來做思考。

以經濟系統爲例的系統思考

如果 GPT 的發展對經濟系統結構的效能產生影響，甚至影響到人類的生存方式，這就意味著 GPT 的導入會干擾經濟系統的正常運行，導致系統失控，從而使整體經濟系統的秩序建構功能失效。在這種情況下，我們就必須把經濟系統的結構對應到問題處理系統的結構，從問題處理系統的整體出發，去檢視導致系統失控和不穩定的原因，然後對整體系統的結構或各個要素進行調整。這種調整可能包括改變教育體系、修改法律規範，或者調整經濟結構，以確保整體經濟系統結構的穩定性，並有效地產生系統應有的作用。

透過這樣的調整，我們可以更好地應對 GPT 技術帶來的挑戰和機遇，確保技術發展與經濟社會體系的和諧共生，進而促進人類社會的整體進步和發展。

理性對 GPT 主觀性的制約

主體理性對 GPT 主觀性的制約，心智分離的事實

我們將「心」定義爲人主觀的心靈意識，而「智」則對應人被動的大腦智能。在深入探討智能範疇時，它涵蓋了所有我們處理過的問題經驗以及學習到的知識。這些由智能提供的訊息和想法，會滲入進我們的心靈意識中，並經過意識思考的整合，最後形塑並表現出我們的意志，表現外在的行爲。

人的智能所提供給意識的訊息，有些具有實質價值，有些則可能無意義或甚至是奇特的想法。如果人的意識直接展現智能所給的訊息，其混亂度和非理性程度可能不亞於 GPT 的表現。然而，由於人的意識具有理性過濾的機制，人會對智能提供的訊息進行審視，只將合理的訊息和想法表現出來。這種展現方式體現了人的理性和意志。因此我們必須理解，理性是意識的表現，而非智能的表現，是人的意識賦予智能以理性。

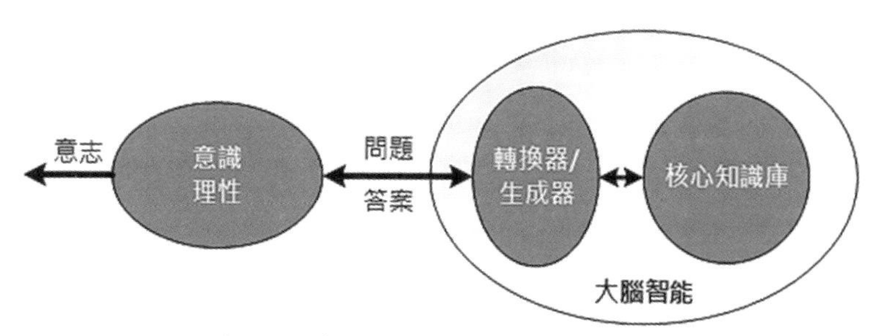

圖 45，意識理性對智能進行審查

同樣地，GPT 產生的智能訊息也需經過人的意識處理才能呈現出理性。如果一個人意識的核心理念缺乏理性的思維，那麼他使用 GPT 生成的訊息所表達出來的想法也不會是理性的。只有當人的意識具有理性時，GPT 的應用才能體現出理性。因此，GPT 的答案是否能表現出理性，關鍵在於使用者的核心理念是否具備理性的核心思維。好比學生使用 GPT 而交出不被老師認可的作業，這是學生的不理性，而非 GPT 的不理性。

我們必須認識到，人的意識思維中確實存在許多奇特或偏激的想法。然而，這些想法在經過人意識的理性篩選後，不會直接表現出來。GPT 的知識庫是對人類思維的一種鏡像反映，有些人的非理性想法可能被納入 GPT 的知識庫中。因此，當人向 GPT 提問時，它提供的回答可能會反映出這些非理性的思維。

在 GPT 的發展過程中，審查員的工作類似於用人意識的理性，去過濾其智能來源大數據資料中非理性訊息的過程。他們以人的理性價值觀爲基準，過濾掉 GPT 知識庫中的不理性想法。這意味著，人意識的理性思維已經被融入到 GPT 工具中，決定那些是理性訊息，那些是非理性訊息。然而，即使經過人理性的過濾，我們也不能盲目相信 GPT 提供的訊息就完全理性。關鍵在於，使用者的意識核心理念必須具備有理性思維才是最重要的。

因此，無論 GPT 所提供的資訊是否經過審查，使用者本身的理性判斷能力仍然至關重要。他們必須能夠判斷從 GPT 獲得的訊息是否合理、是否有用。GPT 提供的訊息需要經過使用者的方法理性、價值理性或關係理性的審查，這些都是理性辯證思維的一部分。只有當使用者具備全面的理性辯證思維，才能有效地使用 GPT 人工智能工具，使其生成的訊息能夠得到有效且合理的應用。

如果有人用 GPT 來做壞事，是使用者的責任

當 GPT 或其他人工智能被用於不良目的時，通常情況下，

責任應歸咎於使用者，而非人工智能本身。GPT 人工智能僅是一種工具，它不具備意識或道德判斷能力。其行爲是根據使用者的輸入和預設參數產生的結果，而非由 GPT 自身意識的驅動。

就像任何工具一樣，GPT 既可以被用於正面目的，也可能被用於負面目的。使用者如何選擇使用這種工具，並爲其行爲承擔責任，是一個關鍵因素。比如，如果有人用槌子去破壞東西，我們會認爲責任在於使用槌子的人，而非槌子本身。

在實際應用中，所有人工智能的開發者和使用者都應遵循相關的法律規範，尊重社會道德和法律的規範。對於違反規範的行爲，相關監管機構和司法系統將承擔處理此類問題的責任。

GPT 答案的正確性是一個辯證的過程

雖然有人可能會質疑 GPT 答案的準確性，但我們必須認識到 GPT 是做爲提供關鍵資源的角色，它給出答案的正確性當然可以被質疑，但關鍵在於答案的對錯不應該被視爲問題處理的終點，而應是問題處理的開始。

根據理性辯證的原則，既然是一個辯證過程，問題的處理結果需要經過有效性的驗證。如果 GPT 提供的答案未能達到使用者的預期，使用者仍然可以透過辯證的方法提升答案的準確性和價值。

同時，需要注意的是，當 GPT 提供的答案不適用或不正確時，有時可能是因爲提問者對問題定義不明確或對問題理解不足。在這種情況下，答案不正確的問題來源可能源自於提問的使用者。

因此，當 GPT 提供的答案不準確時，這也是可以接受的結果。畢竟，它只是一個工具，有效地使用這個工具仍是使用者的責任。只要後續的辯證過程能整合出滿足實際需求的答案，那麼它仍然是一個有效的問題處理過程。即使 GPT 的答案不是完美的，它仍有其存在的價值。做爲主體的使用者，是問題處理的主導者，答案的正確與否最終還是主體人的責任。

20 人工智能認識論

人工智能的認識論是研究人工智能系統如何獲得知識的方法，它涉及對人工智能產生的答案來源因果關係的理解，而這就是人工智能答案知識的來源。透過理解，我們才能知道這知識來源的正當性。理解是透過人的思維去取代 GPT 答案生成的過程，一旦理解後，這答案和背後的知識就能爲能所用，去做新的實體和新知識的創生。因此，人工智能認識論，是我們掌握人工智能工具、納爲人可用資源的關鍵。

表象背後的眞實

表象是一個因果關係抽離的存在

當我們觀察到一個存在的實體時，我們能夠認知其外在功能和作用的表現。然而，從這些外在的表現中，我們往往無法理解其背後來源的因果關係。在實體形成的過程中，這些因果聯繫往往被整合掉了，留下的僅是其外在功能作用的表現。

這種整合的過程，其目的在於消除實體實現結果中重複或多餘的資訊，從而提升實體的運作效率。但這同時也意味著，原本存在的因果聯繫被淡化或刪除。因此，雖然我們可以直觀地看見一個實體的表現和作用，但關於這些表現和作用是如何產生，以及爲什麼會以這種方式表現的問題，往往無法從表象的作用中直接找到答案。眞正的理解需深入探究這些表象背後的眞相，即實體表象作用來源的因果關係，而這正是知識的起源。

這種現象實際上在現實世界中非常普遍。舉例來說，人類基因決定了人生理系統的運作功能。然而，基因訊息所蘊含的生理運作含義，以及這些基因訊息背後形成的因果關係，往往是難以明確被理解的。這是因爲基因訊息在演化過程中經歷了無數次的整合與重組，這使得我們難以從人體的外在表現直接洞察基因訊息與生理運作之間的聯繫。

GPT **所給出來的答案也被抽離因果關係的實體**

GPT 的答案也是如此。當 GPT 給出問題答案時，我們所看到的只是其輸出結果，或者說是一種作用的表現。然而，GPT 的運作機制、其「思考」過程以及如何產生這樣的結果，對我們來說都是不透明的。這是因爲答案是經過整合後的信息，其來源的因果關係對我們而言也並不明確。

表象背後因果關係之所以重要，因爲理解才能夠去做應用

理解實體作用來源的因果關係之所以重要，是因爲它構成了我們對實體創生和變革的基礎。若僅知道如何運用一個現存的實體，卻缺乏對其因果關係的深刻認識，我們將無法對該實體進行有效的創新或改變。任何不是基於因果關係理解所做的改變，都可能對原有的作用產生不可預期的影響。新產生的作用可能不與原有的作用協調，甚至可能損害原本已被認可的功能。因此，對一個存在事物來源其因果關係的理解，具有不可忽視的重要性。

例如，如果我們不清楚基因訊息是如何產生特定的生理作用，對其因果關係一無所知，但因特定目的而對基因訊息進行編輯，這種操作可能會對身體產生無法挽回的影響。因此，對我們不理解的事物進行的任何改變都充滿了風險。

對 GPT 答案錯誤的理解會導致錯誤的應用

我們對於 GPT 的態度也應該持有相同的謹慎觀點。當我們不完全了解 GPT 如何產生其回答，以及這些回答背後來源的因果關係時，我們無法確定這些答案是基於何種思維及前提進行推論的，以及它們是否與我們的認知和前提相符。在不完全理解的情況下使用 GPT 的答案，無疑會涉及風險。特別是在處理社會科學等議題時，我們無法僅憑嘗試錯誤的方式來驗證 GPT 提供的結果是否符合預期。如果結果與期望不符，代價可能非

常高昂。

因此，這引出了 GPT 提供答案的可用性問題。雖然 GPT 的輸出無疑展現了一種智能，對訊息進行了某種處理，並具有一定的價值，但關鍵在於我們是否有足夠的理解和判斷力去運用這些訊息。而只有在充分理解和審慎判斷後，我們才能有效地應用 GPT 智能的輸出結果。

理解的原理，思維與存在同一

思維如何與存在同一

不同的實體、不同的功能，其創生過程應該是不相同的。然而，對於同一實體，其創生過程也不一定相同。一個存在的實體功能，只要人的思維能夠建立一種有因果關係的方法，而能實現相同的功能，那麼這個功能就可以通過思維結果的方式來實現，而不必堅持使用與原來相同的方式去建構它的功能。基於這種邏輯，實體功能如何被構建並不重要，只要人的思維能夠建構出有相同功能的實現方法，那麼人的思維就能夠取代原有實體的創生過程，這就是思維與存在同一的概念。就是用人的思維去取代原本實體創生的思維，如此實體的創生就被人的思維所掌握。我們所認知的科學知識就是這樣被建構出來的。

理解，其實就是對實體創生過程的一種模擬。無論這個實體是否由人創建，我們都可以將其視爲人內在思維創生的結果。這個思維過程涉及辯證邏輯的思維程序，每個程序都具有確定因果關係的邏輯過程，最終形成一個有確定訊息關係組合的系統，實現原本實體的功能。而這就是對原本實體創生過程的還原。

實體秩序是創生的結果。當我們將人的思維視爲一種高階的創生機制，只要最終實體的功能是相同的，我們就可以用人的創生思維去取代外在實體原有的創生過程。而能否達到這樣的結果，則取決於人的理性思維能力是否能夠透視存在事物表象底下的眞實，即是實體存在的創生過程。

理解是用人的理性去取代外在事物的理性

理解，其實是以人的理性去替代或模擬外在事物存在的理性。這意味著我們利用人的思維去建構外在事物實體秩序的方式，以此取代那些實體原有的創建秩序思維，不論這些實體是人所建構的，還是自然界所形成的。因此，我們必須借助人理性的抽象思維來進行理解。換句話說，人的意識思維能力決定了我們對外在世界的理解程度。

理解是知識的內化，是創生的根源

我們將 GPT 視爲一種具有智能的實體，它能夠生成出具有作用的答案，成爲我們解決問題的關鍵資源。然而，要理解這些答案是如何生成的，我們需要運用人的理性來模擬其創生過程，這成爲我們理解答案存在方式的方法。

我們之所以重視對 GPT 答案的理解，是因爲這些理解構成了創生的基礎。通過理解，我們能夠更有效地利用這些答案做爲解決問題的關鍵資源，或者透過新的創造過程，改變我們理解後實體內在的思維結構，從而獲得新的答案結果。

這也是我們掌握 GPT 智能的方式。想要成爲 GPT 智能的主宰者，人必須具備辯證思維的能力，去掌握 GPT 所創造的結果，將其做爲人類智能的延伸，並將其轉化爲一種有效且實用的工具。這個理解的過程，實際上就是將 GPT 的智能內化成爲人可用智能資源的過程，進而促使人類智能快速的成長。如此，透過這種不斷的理解和內化，人能夠不斷提升其利用 GPT 智能工具的能力，從而在諸多領域實現更大的創新和進步。

理解的方法，理性辯證法

用理性辯證法去理解 GPT 生成的答案

GPT 透過運用龐大的語言模型來產生答案，這個過程實質上是一種複雜的訊息處理流程，對於人來說，很難可以掌握其全部細節。這個過程有些類似於人腦思考並找出問題答案的方式：有時答案似乎突然浮現，但我們往往無法具體解釋大腦內部究竟進行了怎樣的訊息處理。人類大腦的運作，是一種神經網絡複雜的訊號處理過程，其細節也是我們無法理解的。

然而，人的意識思維是一種高階建構秩序的方式，它位於大腦神經網絡的上層結構，通過語言和邏輯推理來建構秩序。大腦的智能是由人的意識對外在訊息的內化，大腦智能內在神經網路訊息訊號處理所生成的答案，一樣可以經由上層的意識思維來做統整。對於人的意識來說，思考過程並不是隨機的，而是有其方法和規則的。人的意識思維能夠重建訊息秩序來源的因果關係。

語言是一種高度抽象的思維工具。在我們大腦中進行的思維活動，實際上是一種語言訊息的處理過程。我們依靠語言文字的訊息來進行思考，這種訊息處理模式對我們的意識而言，可以是一種辯證法。而人運用高階的辯證思維模式來理解事物存在來源的因果關係，即如何使人類的思維與事物的存在達到同一的狀態，也就是用人類的思維去取代事物創生的理性過程。

概念作用的表述是實體初階的存在

對於存在的事物，能夠進行描述是認識其存在的關鍵。如果我們無法描述某物，我們就難以確認它的存在。從這個角度來看，理解可以被視作是對存在事物的描述過程。如果我們無法理解 GPT 提供的答案，那麼在我們的認知中，這個答案就無法被視作存在。

概念是對作用的一種描述。舉例來說，當我們看到某物並稱之爲「椅子」時，「椅子」這一概念描述的是該實體展現的作用，即提供人坐的功能。當人能夠用概念來描述這種事物時，這表明他已經認識到了該事物的作用，並能以概念來描述其存在。概念的描述不涉及細節，它僅描述了實體最基本的存在狀態。

那麼，對於 GPT 給出的答案，我們應該如何認識其存在？如果我們能夠理解這個答案，並梳理出它存在的作用，那我們就可以用概念來描述這個答案的存在。如果我們無法進行這樣的描述，即我們不清楚這個答案的具體作用是什麼，那麼對我們來說，這個答案就不具有實際的存在意義，因爲我們無法用概念來描繪它。

理解是形成概念作用的過程

理解的本質是去認識一個存在事物它來源及其因果關係的結構，是用思維去模擬創生的過程。在理解的過程，就是去認知這個答案到底在解決什麼樣的問題，而這個問題之所以產生，是由於存在事物的限制條件導致了與思維主體的對立狀態，從而成爲需要解決的問題。我們要理解的是，這個解決問題的概念是什麼，以及這個答案是如何去實現這個概念的作用。

經過這樣的理解過程，我們對這個答案有了深入的認識，我們就能夠進行表述，解釋這個答案在解決什麼問題，它採用了什麼樣的概念來解決這個問題，以及其實現方式是如何的。進行了這樣的表述後，我們就可以確認我們眞正了解了這個答案的存在，以及它實際上能夠產生的作用。這樣的理解過程不僅幫助我們掌握答案的本質，還能讓我們更有效地應用這個答案，以達到我們解決問題的目的。

做過理解就不是抄襲

對教師而言，判斷學生的作業答案是否由 GPT 產生其實並不難。教師可以通過對與作業相關問題的詢問，進而透過學生回答的過程，來了解學生對該問題的理解程度，進而判斷他對答案的來源和因果關係是否有清晰的認識。如果學生對此顯示出模糊不清的理解，但又能提供答案，那麼這可能表示他們的理解程度還未達到自行產出答案的水平，這可能暗示著答案是抄襲來的。在這裡，所謂的「抄襲」是指學生使用了 GPT 的答案，但卻沒有經歷過眞正的理解過程，這樣的行爲就被視爲抄襲。

理解的限制條件，核心知識能力

理解 GPT 答案的核心知識能力

針對 GPT 提供的答案，當使用者（即主體）需要理解答案來源的因果關係時，它不僅關係到思維的方法，使用者還必須有一定的核心知識能力，且其知識能力的訊息溫度範圍需與問題的答案對應。也就是說，無論 GPT 所提供答案的訊息溫度如何，若要有效利用 GPT 提供的關鍵資源，使用者的核心知識庫中知識的訊息溫度必須與 GPT 所提供答案的訊息溫度相對應。例如，若 GPT 提供的答案涉及工程學知識，則理解這些工程學知識的來源與因果關係，需要具備物理學、化學等相關科學的知識。只有當使用者具備高訊息溫度的知識時，才能理解較低訊息溫度的 GPT 知識。如果使用者的核心知識訊息溫度不夠高，則 GPT 所提供的答案將難以被有效理解。

知識的主客體之分也是相對的

在知識的不同層次中，也存在著一種主客關係。以工程學領域爲例，相對於工程製造的問題而言，工程科學的理論知識是主體知識；但當我們把視角放到工程科學知識時，物理或化學這些基礎科學則變成主體知識。再進一步來看，物理化學知識在對世界存在的理解上屬於客體知識，而建立在物理化學之上的哲學知識論則成爲了主體知識。

以梯形面積公式的推導爲例，

梯形面積＝三角形一的面積＋三角形二的面積
＝三角形一的面積公式＋三角形二的面積公式
＝梯形面積公式

這裡的梯形面積公式是一種應用知識，其訊息溫度較低。而三角形面積公式則屬於基礎的專業知識，其訊息溫度相對較高。因此，在物理學與工程學的關係中，物理學的知識訊息溫度高於工程學知識。物理學概念是靠工程學的知識來做實踐，工程學知識是基於物理學知識推導而來的，因此物理學知識的訊息溫度更高。進一步來說，物理學背後的形上學，也就是關於事物存在的根本道理，其訊息溫度則高於物理學知識。

一個人的核心知識庫所擁有的知識類型不同，其思維的訊息溫度也會有所不同。具有高度抽象思維能力的人，其核心知識庫的訊息溫度較高，因此能進行更深層次的主體抽象思考。相比之下，那些更注重實際問題解決的人，其核心知識庫的訊息溫度則相對較低。

GPT 的理解需要具備一定的核心知識溫度

如果我們將高溫度的核心知識視爲抽象系統知識的體現，那麼在理解一個答案時，是否意味著主體核心知識的訊息溫度越高越好呢？事實上，在理解存在的知識時，我們不僅需要抽象解構的系統知識，也需要實體轉換的專業知識。因此，人的核心知識庫應當包含廣泛的知識範圍。

專業知識有橋接抽象作用與實體功能之間差距的作用。因此，專業知識的實體訊息溫度需要與 GPT 提供的答案的實體訊息溫度相匹配，以建立有效的連接。在解讀 GPT 答案的過程中，如果使用者（即主體）同時也是客體，則其核心知識庫需要同時具備高溫和低溫的知識，以達成理解和應用的平衡。

換言之，理解 GPT 答案並非僅依賴於高度抽象的系統性思維，也需要具體的專業知識做爲支撐。這樣的知識結構使得主體能夠從抽象到具體，從理論到實踐，在不同層次上有效地解讀和應用 GPT 所提供的答案。

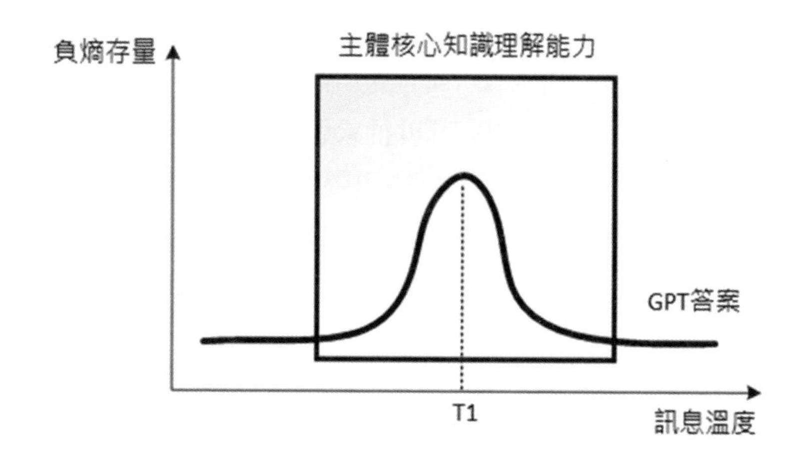

圖 46，對 GPT 答案理解的核心知識能力限制條件

創生是主動的，理解是被動的

思維的過程可以區分爲主動和被動兩種。其中，創生被視爲一種主動的思維方式，而理解則屬於被動的思維。

當我們進行創生活動時，我們的內在思維會有自己的想法與目標，我們清楚自己要做什麼，並有明確的執行計劃。在這種情況下，使用 GPT 的目的是希望從這個智能實體中獲取客體提供的關鍵資源，以解決我們想要解決的問題。這是創生的主動思維。同時，我們需要通過理解過程來判斷 GPT 提供的答案是否滿足我們的需求。而這種理解過程就是一種被動思維。

因此，當我們向 GPT 提出問題時，我們是在進行一個主動思維的過程，而當我們嘗試理解 GPT 給出的答案時，則是在進行一個被動思維的過程。這種理解的過程對於有效地使用 GPT 提供的訊息至關重要，可以幫助我們更好地掌握和應用這些訊息做實體創生。

—— 21 ——
人工智能的聰明悖論

爲了避免人工智能的導入導致人類被異化，受到人工智能的制約，我們需要深思人與人工智能之間如何能夠建立一種合理且符合理性原則的互動關係。同時，確保人與人工智能之間建立有效的協同關係對於有效利用 GPT 智能資源至關重要。

有效運用 GPT 的關鍵在於提問的能力，即清楚地理解自己的問題和目標所在。這種提問能力是基於人類心智的問題處理能力，以及如何應用 GPT 智能的方法。

人如何駕馭智能程度更高的 GPT 智能

核心思維能力是使用 GPT 工具的關鍵

核心思維能力是人類掌握 GPT 智能工具的關鍵。具備這種能力的人不會對人工智能感到畏懼或排斥，反而會將其視爲有用的工具。這就像一位具有全面視野和主體思維能力的企業領導者，他具有駕馭其團隊成員的能力，那麼團隊成員越聰明對他越有利。因爲他能有效利用團隊成員的能力，迅速解決所面臨的問題。

同樣地，一個人如果具備有主體的思維能力，對訊息處理擁有全局的視野，那麼他就像是一位充滿自信的領導者，能有效掌握並運用 GPT 這樣的工具，使其成爲解決問題有用的關鍵資源。GPT 的智能越強，對這樣的人就越有利。

掌握 GPT 智能的能力並非意味著人的智能必須超越 GPT，而是指人需要有運用 GPT 智能的方法，即利用人問題處理系統的思維能力去掌握 GPT 的實體智能作用。這種思維能力需要養成的過程。人出生時就像一張白紙，本能上並不具備掌握 GPT 智能的思維能力。

一個人如果未能培養有效的核心思維能力，他的主體性可能會受到 GPT 的制約，甚至被 GPT 否定。因此，養成核心思維能力，以確保人的主體性，並有效地使用 GPT 工具，是現代人的重要課題。

人工智能的聰明悖論

人不能不學習而直接用 GPT 的智能

如果 GPT 人工智能機器的智能高於人的智能，人是否還需要進行知識的學習，做智能的養成？爲什麼不能直接使用 GPT 機器的智能就好了？

對於生成式的 GPT 人工智能而言，即便人的智能不如這個機器的智能，人仍然需要進行知識智能的養成和學習，這涉及到人與 GPT 之間的關係，即心智與智能之間的關係。

即使 GPT 的智能再強大，它的答案僅僅是一種外在客觀存在的負熵存量，它必須經過理解才能被使用。在理解過程中，如果 GPT 的智能涉及某種專業知識，爲了理解這種專業知識，人必須具備更高層次的抽象知識，利用這些抽象知識來掌握 GPT 的專業知識。因此，知識的學習對於理解和應用 GPT 的智能是必不可少的。如果一個人一無所知，那麼他將無法有效地使用 GPT 智能機器的工具。

因此，人不應該放棄自身知識能力的培養，而僅依賴 GPT 的智能。理解 GPT 的答案是人核心知識能力和核心思維能力的統合應用，如果人放棄了知識的學習，他就無法正確地使用 GPT 的機器智能。

對 GPT 答案的信任是基於人的理解

GPT 是一個強大且有效的工具，如果人沒有專業知識的培養，即使 GPT 把知識答案擺在面前，人也不知道如何去使用。這就像給小學生一本微積分的書，書中雖然包含所有大量微積分的知識，但如果小學生沒有相應的理解能力，他也無法應用書中的知識，這些知識對他而言毫無用處。

GPT 就像一本人類知識的百科全書，它將知識做更有效地整合和更便捷地使用，輸入問題便輸出所需答案。然而，這些答案如何使用，仍需人的知識來理解和對應。理解是指對知識來源的因果關係的了解，只有理解了知識的作用和應用限制，我們才能有效運用知識，這正是人運用知識的能力。如果一個人缺乏內在的知識能力，不理解 GPT 給出的答案，那麼這些答案仍然是無用的。而知識答案的理解能力需要通過知識學習來獲得，因此在人工智能時代，學習依然十分重要，它將培養一個人理解和應用人工智能給出答案的能力。

知識學習的目的不是爲了考取高分，因爲 GPT 在考試方面的能力可能會超過人類。因此，僅關注答案結果而不理解答案來源過程的塡鴨式學習方法是無法有效應用人工智能的工具，理解才是知識學習的核心關鍵。

把 GPT 給出的答案當成自己的答案，用來與他人溝通，但自己對答案內容不理解時，這樣給出的答案就不會被他人信任。就像直接請 GPT 製作投影片、寫文章、撰寫郵件或論文一樣，如果你不知道它到底寫了什麼、如何生成的，以及結果是否符合你的需求，不了解這個答案結果的限制條件，那麼 GPT 生成的答案結果就不屬於個人可用的資源。

但如果 GPT 生成的答案經過人理解的訊息處理過程，那麼這個答案就成爲個人可用的資源，其表述將可以被他人接受和認同。對他人而言，信任基於對你是否理解自己所給出的答案，以及對答案背後來源的因果關係是否清晰。即使答案來自 GPT 的訊息，在他人眼中它仍然是你的東西，因爲那是經過你的認知和理解後的答案。

人工智能的聰明悖論

因此，雖然從常理上看，像 GPT 這樣的人工智能可以解決許多問題，似乎降低了人的聰明才智的重要性。然而實際上，人必須更加聰明，甚至需要超越人工智能的智能，才能充分利用應用 GPT 人工智能的答案，使人的心智能力發揮到最大。

我們稱這種現象爲「聰明悖論」，反映了人工智能與人類心智能力的關係。人工智能雖在問題解決上極有幫助，但這並不意味著人類可以停止提升自身的心智能力，任由人工智能全權代勞。相反地，過度依賴人工智能可能導致人類思維能力的衰退，變得更受制於人工智能。因此，要有效利用強大的人工智能，如 GPT，實際上需要更強大的思維能力和知識能力。

「聰明悖論」的核心在於，在人工智能的時代，人的存在並非無需努力便能依賴人工智能代勞，而是需要更聰明才能充分適應並利用人工智能的能力。人類需要具有一定的核心知識能力和核心思維能力，才能充分理解和應用 GPT 智能所提供的答案。

也因爲有聰明悖論的論述，在人工智能的時代，教師的角色並不會被取代。因爲學生在學習階段還不夠聰明，所以他們沒有辦法完全使用人工智能工具，需要教師的協助。只有當學生培養出所需的知識能力和思維能力，變得足夠聰明時，他們才能有效地駕馭和使用人工智能工具進行學習，協助他們處理問題。

如何對 GPT 提問

如何提問背後的思維

使用 GPT 工具的一個關鍵技能在於能夠有效地提問。這需要使用者對他們需要處理的問題有深入的理解。這不僅涉及提問者的核心知識能力，還包括對整體問題處理系統結構的深入理解，能夠識別所要解決的問題、使用何種概念來解決，以及處理問題的步驟和方法。當向 GPT 提問時，提問者需要了解 GPT 在問題處理系統中的位置和角色。

從問題處理系統結構出發，清楚地識別出矛盾產生的問題，並確定解決問題的方法。解決問題的方法要有明確的思路，否則即使有像 GPT 這樣的強大工具，如果不知道如何有效地使用，其實際效能也會受到影響。

因此，使用 GPT 工具的前提是，使用者必須具備處理問題系統整體的核心思維能力。只有具備這樣的能力，使用者才能準確地理解問題，提出有效的問題，並利用 GPT 智能工具找到解決問題的方案。

拿別人的問題來問 GPT，不是培養思維能力的方法

學生在向 GPT 提問時存在一個盲點，即他們會將老師給出的論文題目、作業題目或考試題目直接做為向 GPT 提問的問題。換言之，他們將別人的問題當作自己的問題來向 GPT 提

問。在這個過程中，學生處於一種客體回應主體問題的角色。如果學生回答問題的方式僅僅是使用工具的查詢，則學生做爲回答者的客體角色就會被取代了。因爲如果僅是簡單的電腦輸入工作，老師自己就可以完成，不需要學生來做。

老師希望學生回答問題的目的，是希望學生能夠有自己的想法，理解老師問的問題，知道這個問題的整體系統結構，了解爲什麼要問這個問題，以及解決這個問題的方法和概念。只有經過這樣的思考過程，學生才能產生解決這個問題的概念，並實現解決問題的想法。這樣，他們才知道要問 GPT 什麼問題，希望得到那些參考資料，並且能評估這些參考資料的有效性，以及 GPT 是否能幫忙將這些資料做統整。這樣的過程才是眞正的問題解決過程，才能夠訓練學生利用 GPT 解決問題的核心思維能力。

如果解決問題的過程僅僅是進行簡單的複製貼上，而答案中不包含學生自己的想法，這樣的過程不會對學生的核心思維能力和核心知識能力的養成產生提升的效果，這並不是老師所希望看到的結果。

—— 22 ——
GPT 答案的辯證分析範例

理論的有效性需通過實踐檢驗，並以實際結果做為客觀與否的驗證。運用理性辯證法來探究 GPT 答案背後的眞實，這對於將外部智能轉化為人可用知識至關重要。若無法理解 GPT 提供的答案，因為缺乏對答案限制條件和解決問題思維的了解，便無法用於實際問題的解決。對 GPT 答案，需理解其來源的因果關係，還需判斷，判斷其價值觀是否合理，以及方法是否眞正客觀理性。

對於伊索寓言狐狸與葡萄答案的批判

User：

伊索寓言的狐狸與葡萄故事，是否存在著辯證關係？

ChatGPT：

伊索寓言的狐狸與葡萄故事是著名的寓言故事之一。故事中，一隻狐狸試圖採摘高懸的葡萄，但由於採不到，最終放棄

並說：「這些葡萄太酸了，我也不想要了。」這個故事可以被理解爲具有辯證關係，具體如下：

矛盾關係：在故事中，狐狸想採取葡萄，但由於採不到而產生了矛盾關係，即狐狸想得到葡萄，但實際上無法得到。

負面否定：由於無法得到葡萄，狐狸產生了負面的否定，認爲葡萄太酸，自己也不想要了。

正面否定：然而，從另一個角度來看，狐狸放棄葡萄的行爲也是一種正面的否定，表明他不會爲了得不到的東西而繼續浪費時間和精力。

因此，伊索寓言的狐狸與葡萄故事可以被看作是一種辯證關係，故事中的矛盾關係和正負面的否定是辯證思維的體現。這個故事也告訴人們，如果無法得到想要的東西，可以從正面的角度去看待這個問題，不必因爲失去而感到遺憾，也不必爲得不到的東西而繼續浪費時間和精力。

理性辯證法的批判

這個回答是 GPT 對《狐狸和葡萄》寓言故事所做的辯證分析，是一種價値觀的表現，但是表述的內容是否適當，要經過我們意識理性思辨之後夠去做判斷。

在故事中，狐狸面臨的實際問題是無法獲得葡萄。如果你是狐狸，面對無法採摘葡萄的困境，會如何處理？無法採摘的限制條件在於自身能力不足。面對這困境，狐狸選擇放棄，貶低葡萄說它酸，或者認爲無所謂，不値得浪費時間。然而，無論是正面還是負面的否定，都是放棄的表現，並未解決問題。一方面，狐狸的欲望未得滿足；另一方面，這些葡萄可能是解決飢餓的關鍵資源，若不解決這問題，狐狸可能面臨飢餓生存危機。這種飢餓和欲望的問題實際上關乎生存和生活品質，若解決方式僅是放棄，則生存問題未解，生活品質無法提升。

若小孩子接受這種敘述方式，認爲事情皆有正反兩面，當酸葡萄的負面表述不受肯定時，他可能選擇正面表述，認爲不會爲無法達成目標而浪費時間也是好事。面對超出能力範圍的事情時，都會以此爲藉口推脫，終將導致人生缺乏進步和提升的動力。

從辯證的角度來看，辯證目的在於自我提升。若狐狸具備辯證思維的主體性，在面對無法採得葡萄的矛盾時，會採取辯證的方法解決，而不僅是選擇放棄。這就意味著，狐狸應該進行辯證的自我提升，用辯證的方式尋找解決問題的方法。例如，若狐狸因身高或手臂長度不足的限制條件而無法採得葡萄，則應思考如何克服這些限制條件。或許是尋找工具，使自己的手變長；或者是找東西墊腳使自己的身高變高。以幫助自己採摘葡萄，從而滿足自身生存和生活的需求。

若經過辯證方式仍找不到解決方法，或解決問題的代價過高，則經過理性價值的判斷之後選擇放棄。這是經過理性選擇的放棄，而非未經嘗試便放棄。

人的意識中有許多不同的想法，這些想法是否合理，需通過人理性思辨的判斷。我們將 GPT 視爲人的另一種智能，對於

GPT 的回答，也需要經過人的理性思辨，才能被人所用，並成爲人自己意志的表現。如果僅僅是轉述 GPT 的回答而未經過思辨，那麼這就只是他人的意見，而不是自己的意見，這就是人主體性的讓渡。人就變成了機器的化身，不再是有主體性的人。通過理性辯證的分析，是我們自身主體性展現，用自身的理性去對 GPT 的主觀性做制約。

牛頓力學原理來源的理解

牛頓第二定律運動的推演

User：

你是否可以解釋牛頓推演第二運動定律的過程。

ChatGPT4.0：

當然可以。牛頓第二運動定律是經典力學的基石之一，它源於牛頓對運動的深入研究。在推導第二運動定律時，牛頓綜合了當時已有的科學成果，特別是伽利略（Galileo）對自由落體運動的研究。

牛頓的推演過程可以從以下幾個方面來理解：

1.速度與加速度：牛頓首先確定了速度（velocity）和加速度（acceleration）的概念。速度是物體位置隨時間變化的速率，而加速度則是速度隨時間變化的速率。

2.力的定義：牛頓將力（force）定義爲改變物體運動狀態的原因，即使物體加速度改變的原因。這樣，牛頓實際上將力與加速度建立了直接聯繫。

3.質量的引入：牛頓認爲物體的質量（mass）決定了物體抵抗加速度改變的能力，即慣性（inertia）。質量越大的物體，抵抗加速度改變的能力越強。因此，在牛頓的定律中，質量起到了關鍵作用。

4.建立數學模型：牛頓基於以上理念，建立了數學模型來描述力、質量和加速度之間的關係。他提出了著名的公式 $F = m*a$，將力、質量和加速度聯繫在一起。這個公式表明，作用在物體上的力與物體的質量和加速度成正比。

綜上所述，牛頓通過對運動的深入研究，確立了速度、加速度、質量和力的概念，並建立了描述它們之間關係的數學模型。這一模型就是我們今天所知的牛頓第二運動定律。

牛頓力學推導的辯證分析

要知道，因爲人在建構知識的過程中會涉及到諸多的嘗試與錯誤，並受到個人知識及能力的影響。因此，牛頓在其知識建構的過程中雖然不一定完全遵循辯證邏輯的程序。然而，從結果來看，知識從不確定到確定的轉變過程中需要有負熵存量的導入，而辯證邏輯提供了一種負熵存量導入的方式。因此，對知識來源因果關係的完整描述，從不確定的現象到確定知識的過程，本質上能夠透過辯證邏輯來做解釋。

辯證邏輯是我們對於認知知識形成的一種方式。因此，當我們問及知識如何而來時，我們的意識中，可以用辯證邏輯的思維模式，來認知一個完整知識的存在形式。然後就可以用它來理解 GPT 給出牛頓第二運動定律的答案內容來源的因果關係，一個知識形成的過程。

我們提出的問題是關於牛頓如何推演出第二運動定律。因此，我們要對 GPT 所回答的知識推演的過程做辯證邏輯的分析，它是如何形成我們熟知的牛頓第二運動定律的知識智能實體。這個辯證邏輯的過程，是想知道，牛頓第二運動定律面對的是什麼現象，解釋這個現象形成的概念作用是什麼，以及這個概念作用如何做系統解構，如何轉變爲實體，並最終統整達到形成第二運動定律這個知識結果。

從 GPT 對牛頓第二運動定律建構的回答中，依據辯證邏輯的形式，我們可以看出，牛頓對物體運動定律的探究主要是在對伽利略自由落體運動現象的解釋。當他對這個現象的來源及其因果關係的原理不明白時，就產生了牛頓對物體運動定律問題探討的動機。換言之，牛頓第二運動定律所要面對的問題，是牛頓希望了解自由落體現象背後來源的因果關係。

對於這個問題的探討，牛頓提出了作用力的概念。他認爲是作用力產生了自由落體現象的結果。這是概念作用的形成。

而影響這個力量的作用有兩個因素，一個是受力物體的慣性，另一個是受力物體速度的變化。作用力會改變物體的運動狀態，導致速度的變化，力量越大，速度變化量越大；而慣性則會抵抗這種速度變化的趨勢，慣性越大，抵抗速度變化的趨勢就越大。因此，作用力與運動狀態的變化成正比，慣性與運動狀態的變化成反比，如此這兩個因素的乘積，就是對作用力概念進行的系統解構。

慣性是抵抗物體運動變化的趨勢，如果一個物體的質量大，那麼其運動狀態就越難以改變。慣性這一特性對應於物體的質量，慣性是一種抽象的概念，而質量是物體慣性的一種可度量的性質。從慣性到質量，可以說是由抽象到具體的實體轉換。同樣的，速度表示了物體的運動狀態，而運動狀態的變化即爲加速度，這可以被視爲運動狀態變化的抽象概念到具體加速度的實體轉換。

最後，統整之後，作用力可以看作是質量和加速度乘積的綜合結果，也就是我們所知的牛頓第二運動定律。這是實體統整。

然而如果我們沒有這樣的內在思維模式，對於知識如何構建的過程就難以理解，我們也就很難認知到 GPT 答案背後知識來源的因果關係，很難認知到知識是如何被建構出來的。因此對外在知識的理解可以是人內在辯證邏輯思維處理訊息的過程。

透過這樣的分析，我們可以看出 GPT 的回答實際上與我們內在的辯證邏輯思考模式並不完全吻合，GPT 給的答案沒有辯證邏輯的對應，是對知識結果線性解構的解釋。而這樣的解釋無法呈現知識建構過程中，如何從現象到知識結果訊息狀態的變化，和知識負熵存量的導入過程。這就突顯出我們需要使用適當的思考方式去理解知識的目的，去了解 GPT 所給知識的答案和其中的不足。

知識來源的因果關係實際上源於更高層次知識建構知識論的因果關係。只有當我們認知了辯證邏輯的思維形式，才能真正理解知識的建構過程。

牛頓第二運動定律的講解

User：

請講解牛頓第二運動定律

ChatGPT：

牛頓第二運動定律（Newton's Second Law of Motion）是經典力學中的一個基本原理，描述了力與物體加速度之間的關係。牛頓第二運動定律可以用以下公式表示：

$$F = m * a$$

其中，F 代表作用在物體上的總外力（向量），m 代表物體的質量，a 代表物體的加速度（向量）。

這個定律說明，當物體受到一個外力時，物體將產生加速度。物體的加速度與作用在物體上的外力成正比，與物體的質量成反比。換句話說，較大的力會導致較大的加速度，而較大

的質量則需要較大的力來產生相同的加速度。

牛頓第二運動定律在日常生活中有很多應用，例如汽車在剎車時減速，火箭在升空時受到地球引力的作用等。這個定律在物理學中有著重要地位，它爲分析和計算不同物體在力作用下的運動提供了基本工具。

牛頓力學應用的辯證邏輯分析

在知識學習過程中，我們通常會經歷知識建構和知識應用兩個階段。這兩個階段都可以被視爲辯證邏輯循環的過程，即現象作用的系統模型建構與該系統模型的應用。

例如，當我們請 GPT 解釋牛頓第二運動定律時，GPT 會提供一個公式，而它是物體運動現象的系統模型建構過程結果的知識。而這個知識就可以拿來做應用。

應用牛頓第二運動定律公式也是一個辯證邏輯循環的過程。運動定律的公式是對物體運動概念的系統解構，表述了作用力、質量和運動狀態之間的關係。實體轉換則是將公式的系統模型與實際狀態對應。比如，我們知道某物體的質量和它加速度的具體數值，將這些數值帶入到公式中，就能得到具體的計算結果。這種計算實際上是實體統整過程。因此，從系統解構到實體轉換，再到實體統整，最後得出答案的整個過程，也是一種辯證邏輯循環的過程。

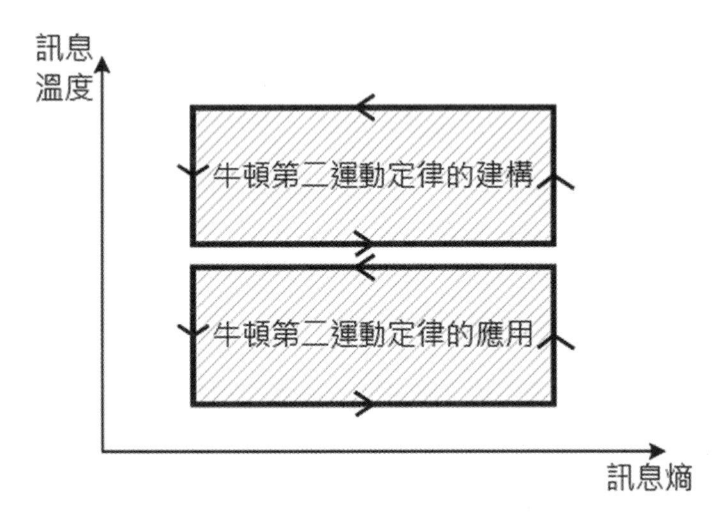

圖 47，牛頓第二運動定律建構和應用的辯證循環

對於哈佛案例思維課程的辯證分析

User：

請你擔任哈佛個案思維課的教授，並在開課時致辭。

ChatGPT：

哈佛個案思維課的教授致辭：

各位同學，大家好！歡迎來到哈佛個案思維課程。我很榮幸能夠擔任你們的教授，帶領大家進入個案思維的世界。在這門課程中，我們將一起探索個案思維的概念與方法，幫助你們

更好地理解和運用這一重要思維方式。

個案思維是一種專注於實證研究與實際應用的學習方法，通過對真實情境的分析，讓我們能夠直接接觸到經濟、管理、政策等領域的核心問題。在這門課程中，我們將學習如何閱讀和分析個案，提煉出重要的信息和問題，並尋求有效的解決方案。同時，我們還將討論個案思維在企業、政策制定和教育等領域的實際應用。

本課程將採用互動式教學方式，鼓勵學生積極參與討論，分享觀點和想法。我們將注重培養學生的團隊合作、溝通表達、問題解決等能力，以幫助你們更好地運用個案思維解決實際問題。

在接下來的學習過程中，我希望大家能保持開放的心態，勇於嘗試和挑戰自己。我們將一起努力，創建一個充滿活力和創新的學習環境，幫助你們在個案思維的道路上不斷成長和進步。

最後，祝願大家在這門課程中收穫滿滿，學有所成！

哈佛個案思維課程辯證分析

如果 GPT 是哈佛大學商學院的教授，負責教授個案思維的課程，那麼我們可以從辯證思維的角度來分析其課程設計的原理和動機。

首先，從問題處理系統的結構來看這個個案思維開課的整體。商學院的學生是問題處理系統的主體，他們畢業後會去企業工作，處理企業經營決策的問題。然而，他們大多數並沒有實際企業工作的經驗，如果讓他們在缺乏經驗的情況下直接進入企業處理眞實的問題，則可能造成失誤的結果，這對企業來說是一種高風險的做法。因此，企業通常不願意聘用缺乏實際問題處理經驗的商學院學生。

這產生了一個兩難的情況：學生需要經驗才能獲得工作，但他們無法在沒有工作的情況下獲得經驗。這就形成了學生需要處理的客觀系統問題。

在這種情況下，哈佛教授（即 GPT）做爲問題處理系統的客體，需要爲學生提供一種解決問題的方法。他提出了個案思維的課程，使學生在不會對企業造成實際損失的情況下，模擬處理眞實企業問題，藉此培養學生的企業問題處理能力。

這個課程的目的是讓學生在沒有實際解決問題的經驗時，可以透過討論和分析眞實的企業案例來模擬企業問題的處理，訓練學生解決問題的思維方法，培養他們解決企業問題的能力，降低在實際解決問題時出錯的機會和代價。

GPT 這位虛擬的哈佛教授，以客體角色出發，提出了這個課程的概念，並以關鍵資源的角色實現了這個概念。他的課程設計和內容，就是對這個解決問題概念的系統解構。

透過這種方式，我們可以更好地理解這個哈佛商學院教授如何運用辯證思維來設計和實施他的課程，並解釋這種課程設計背後的因果關係。

個案思維的實際問題解決的過程是如何

在探討 GPT 所生成的課程架構時，我們需要考慮學生和教師在閱讀、理解及使用這些課程內容時的思考模式。

首先，應明確 GPT 生成的課程大綱是基於何種思維模型或問題解決的結構，如理性辯證法或金字塔思考模型。理解這些模型在問題解決中的應用，有助於深入洞悉課程大綱的結構和內容。

如果 GPT 生成的課程大綱與特定的思維模型或問題解決結構不吻合，學生和教師就需要進一步探索和理解這些大綱背後的思維模型和結構。比較不同的思維模型，理解它們在解決特定問題時的適用性和效益，這對於教育過程極爲重要。

對於教師而言，如果使用 GPT 生成的教材進行授課，他們必須深入理解這些教材背後來源因果關係的思維結構。這樣，當學生提出質疑時，教師能夠有效地解釋並引導學生進行更深層的理解和思考。如果教師對教材的內容和結構理解不深，則可能在教學過程中遇到挑戰，甚至無法應對學生的質疑。

因此，無論是學生還是教師，對於 GPT 生成的課程大綱的理解和思考，都應基於清晰的思維模型和問題解決結構，以確保老師教學和學生學習的有效性。

| 第五部 |
GPT 世界的未來

23
GPT 與現代教育的矛盾和突破

過去，教育的主要目標是提高人的知識和技能，幫助他們在社會和職業生涯中取得成功。然而，現在 GPT 人工智能不僅能與人競爭，甚至某些領域的能力上超越了專業人士。這引發了人們對於教育目的的質疑。人們開始思考，當人工智能可以完成大多數人的工作時，學生是否還需接受教育？或者，爲了超越人工智能，學生應接受怎樣的教育？這些問題使人們重新思考教育的意義和價值，以及在人工智能時代教育體系如何做調整和適應上的變革。

學生運用 GPT 尋找答案而不思考，讓學習發生矛盾

教師的教學目標在於引導學生掌握思考的技巧，過程往往比結果更重要。因此，GPT 的出現已成爲教育體系的一部分，教師需要確保學生不僅將 GPT 人工智能視爲問題解決的工具，更應注重思維能力的培養。

然而，當學生開始使用 GPT 與之形成互動時，這種互動可

能會與教師的教學目標產生對立。這種對立來自於學生擁有更多的選擇：他們既可向教師提問，也可向 GPT 提問；既可獨立思考問題，也可依賴 GPT 尋找答案。當學生選擇將 GPT 做為學習工具時，教師與 GPT 之間便形成了競爭關係。這種關係可能給教師帶來心理壓力，成為其面臨的挑戰與要處理的矛盾問題。

在現行教育體系中，普遍過於重視考試分數而忽略學習過程思考的重要性。在這種教育模式下，學生可能選擇通過硬背、重複練習來追求高分，這恰恰是 GPT 等人工智能工具所擅長的。當 GPT 能高效地找出正確答案時，以分數為導向的教育目標價值便受到了質疑。

禁止學生使用 GPT 並不能真正解決教學的問題

若 GPT 對學生思維能力的培養產生影響，禁止學生使用 GPT 可能是最直接解決問題的方法。教師可要求學生不得使用 GPT，對違規使用的學生採取懲罰措施，如給予較低評分等。然而，只是禁止 GPT 使用的方法是否真的有效。解決問題需通過實際操作驗證其結果，這也是辯證思考解決問題的過程。

若實際執行後發現禁止使用 GPT 策略未有效解決其在教學上的矛盾，則此解決方案需進一步完善。其不完善可能體現在幾方面：學生可能私下使用 GPT，教師難以判斷作業是否獨立完成或借助 GPT；學生利用 GPT 搜尋資料並完成作業的行為界定不明確。因此對教師而言，禁止學生使用 GPT 並檢查作業是艱鉅任務。此外，若 GPT 正確使用能提高學習效果，禁止使用可能會降低學習的效能。綜合這些因素，僅禁止學生使用 GPT 策略不能眞正解決問題。

學生具備核心思維能力，有自信使用 GPT

對於老師的教育工作者而言，學生是否可以使用 GPT 等工具，實際上取決於老師對學生思維能力的信任程度。如果老師相信學生具備獨立而有效的思維能力，使用 GPT 能夠有效提升學生的思考和學習效率，老師對於學生使用 GPT 工具就不會過度擔憂，那麼引入 GPT 工具就具有積極的價值。因此，學生的思維能力是判斷引入 GPT 工具在教學中的重要指標。

然而，如果學生缺乏獨立而有效的思維能力，在教學過程中貿然引入 GPT 工具，可能會導致負面後果。這可能會促使學生的思考變得表面化，誤以爲只要有答案，學習目標就已達成。這種做法可能阻礙學生思考能力的培養，無法達到教育養成學生解決問題能力的目的。

教育目的下的供給理性和需求理性

從理性價值觀的角度來分析，教師是否接受學生使用 GPT，可從供給理性和需求理性兩個方面來探討。

從供給理性的觀點來看，重點在於如何用最少的資源，快速且有效地提供有價值的信息。若將學生視爲答案客體的供給者，那麼使用 GPT 就顯得十分合理，因爲它能在短時間內，以最少的資源提供有效答案。

然而，從需求理性的角度來看，學生是學習的主體，學習的目的不僅是解答問題，更重要的是理解知識和建立解決問題的核心思維能力和知識能力。在此觀點下，學生不僅是答案訊息的供應者，更是知識學習的需求者。雖然使用 GPT 能快速得到答案，但若這阻礙了學生培養獨立思考的能力，妨礙了建立問題解決的能力，對於學生學習知識的需求理性來說，使用 GPT 就顯得極不合理。

考試是需求理性與供給理性的體現

從供給理性角度出發的學生，可能更加重視考試分數，將其做爲學習的目標。他們專注於如何迅速且有效地獲得答案，卻忽略了對知識本源的理解。這種學習方式無法培養學生深入思考的能力，也無法使學生將所學知識廣泛應用於不同問題的解決之中。

相反地，從需求理性出發的學生更注重於知識的理解與能力的養成。他們主動尋找問題，並嘗試利用所學知識解決未知的陌生問題。他們不僅僅關注考試的分數，更看重學習過程，尤其是如何利用知識解決實際問題。這種需求理性的學習方式能夠培養學生的獨立思考能力和問題解決能力，對學生的長期發展更有益。

因此，教師在設計教學和考試方式時，應從學生的需求理性來做考量。讓學生知道，學習不僅僅是習得考試解題的技巧，而是理解知識、學會解決問題。只有這樣，才能實現教育學習的眞正目的，使學生眞正掌握知識，並培養出具備獨立思考和問題解決能力的個體。

供給理性的學生可能會投入許多心力，花費大量時間進行反覆練習，但這僅僅是爲了使解題更快更高效。然而，當他們遇到非練習範圍內的問題時，可能會感到無所適從，無法提升考試分數。這實際上違背了供給理性追求高分的原則。相反，如果學生進行需求理性的理解式學習，就能提升自身的核心知識能力和解決問題的思維能力，用這些能力解決考試中的陌生問題，從而提升考試的分數。因此，如果學生希望達成供給理性的高分目標，實際上也應該從需求理性開始，養成能力，解決陌生問題的需求。

培養核心思維能力，同時具備供給理性和需求理性的能力

對學生而言，如何在充分利用 GPT 工具的同時，保持對知識的理解與思考，並培養自身的核心知識能力，是一項重要挑戰。在這個過程中，GPT 應被視爲一種工具，它能提供迅速且精確的答案，幫助學生更快的解決問題。然而，學生也需理解 GPT 所提供答案來源的因果關係，而非僅僅只是使用它。

對教師來說，他們的任務在於教導學生如何理解和應用知識，以及如何思考解決問題。這需要引導學生做需求理性的考量，使他們能對各種問題進行深入探討，並利用自己已知的知識解決問題。同時，教師也需教導學生如何有效利用 GPT 這種

工具，使其成爲學習與解決問題的助力，快速的解決問題，這是供給理性的思考。

如此，學生就能在滿足學習需求理性的同時，有效達成解決問題的供給理性目的，這將有助於他們在面對各種不同問題時，更有效地解決問題。學生不僅能深度理解問題，還能思考解決問題的方法，同時迅速獲得答案。這種能力對他們未來的學習和職業生涯將具有重大影響。

讓學生學習如何使用 GPT 工具的思維教育是重要的

因此，爲了解決教師與 GPT 之間競爭關係的矛盾，解決學生分數評量與思維能力養成的供給理性與需求理性的矛盾，以及學生思維能力受 GPT 制約的問題，我們提出解決這些問題的關鍵：培養學生的核心思維能力。

工業革命後，爲了有效控制和操作生產機器，人類必須學習許多與機器相關的專業知識。當人類掌握了機器的創造、發明和操作方法後，人的主體性就不會被機器所制約。

現今，隨著可以替代人類智能的 GPT 人工智能的出現，爲了避免人被 GPT 異化，我們需要在使用 GPT 工具的同時，引入針對使用 GPT 工具的思維教育。讓學生能理解並掌握 GPT 從問題到答案的思維過程，進一步提升他們的思維能力，有效使用 GPT 的智能工具。

現時的世界擁有浩如煙海的知識，人每天都還在進行各種不同的思考，構建出各種不同新的知識。因此，期待學生去學習所有的知識以應對環境變化是不切實際的。

思維是建構知識的方式，也只有思維能整合不同的知識。在我們的日常生活中，我們面對各種需求，需要應對不斷變化和新創的知識。能否適應這種快速變化的知識和環境，關鍵在於我們的思維模式是否有效。因此，思維能力是學生在 GPT 智能導入後去適應大量知識來源的關鍵所在。

—— 24 ——
企業智能的複製和繁衍

企業智能的複製和再生

如果企業能夠將其核心知識透過 GPT 技術轉化成外化智能，那麼未來實現企業複製的可能性將顯著增加。只要擁有足夠的核心思維能力，人們就能利用這些外化的智能資源創建新的秩序實體，達到與原有企業相同或更高的效能。由於理解現有知識比創新更節省心力，這意味著企業複製比新創企業能在較短時間內完成，然後在既有的基礎上繼續成長。這在人類知識傳承的經驗中已有明確體現：愛因斯坦創建廣義相對論耗費了大量時間與心力，而後來的學者只需學習並理解其理論，就能在其基礎上進行更多新領域的探索。這正是「站在巨人的肩膀上」這一概念的實際應用。

過去，企業運作所需的知識複雜且難以傳承，使得複製企業過程充滿挑戰。但若企業能將其核心知識資源通過 GPT 技術轉變爲企業的核心智能並可移轉，則複製企業的門檻將變得更爲簡單。只要相關人員具備充足的核心思維能力和專業知識，他們便能理解並運用這些外化的智能資源，在既有的基礎之上創建新的企業實體。

GPT 在智能外化方面的應用爲企業帶來了前所未有新的可能性。未來，複製企業的挑戰將不再是尋找擁有豐富經驗與知識的人才，而是如何有效地將企業的知識庫外化成智能轉移至新的企業體中，然後繼續做創新與發展。這種創新型態的企業複製方法將推動整個產業的進步，爲企業帶來更大的競爭優勢。

智能的融合加速企業的競爭和演化

企業複製是 GPT 智能外化後的一種應用，同時也被認爲是在成功企業基礎上進行創新與發展的方法。然而，這一模式對於原本成功的企業來說，確實存在威脅。智能轉移會帶來更多新的競爭對手，因此爲了維持自身的生存，企業往往會採取各種措施來保護其核心智能，防止被他人複製或利用。但這種保護策略是否眞的是最佳生存策略？未來的企業能否實現獨立自主、自我演化與發展，是值得深思的問題。

過去，企業的生存和延續通常依賴於不斷招募新員工來彌補因老化導致的人力資源流失。然而，這種方法無法保證企業的永續經營。當企業依賴這種生物式的傳承出現障礙時，能否維持並持續傳承原有的企業文化和知識，成了一個不確定的問題。

當一家企業被併購後，其智能可以被完整複製，並在新企業體的原有基礎進行進一步發展。這可以看作是企業的再生，也可視爲在原有企業的基礎上創造新的生命。

企業併購後的智能融合能夠加速企業成長，通過市場競爭的自然淘汰，使得企業的演變過程更迅速。在可預見的未來，GPT 將使企業間的競爭更加激烈，企業的演化速度亦將隨之加快。

GPT 可以複製企業內在的核心知識能力

這個事實揭示了一個情況：在過去，當企業員工離職時，他們的所有知識和經驗都會隨之離開，而留下來的文件和書面資料實際上很難外化成其他人可以使用的智能。然而，有了 GPT 這種工具，對於企業來說，所有個人累積的經驗和知識都能夠被移轉到企業的外化核心知識庫中。因此，一個公司或企業將成爲一個有機的生命體，其核心知識能力的增長將會加速，變成一個智能程度越來越高的企業組織。

在過去，因爲要將員工內在的知識和經驗能力外化成企業的核心知識能力並不容易，企業組織的知識能力成長是線性的。然而，在未來，如果像微軟 Office 365 Copilot 這種應用軟件所做的那樣，就是去建立個人的外化核心知識庫。員工與客戶的所有郵件往來，會議記錄，他們收集的專業和市場知識，一個人在工作中累積的所有資料都會存放在一個數據庫中。只要通過 GPT 的訓練運算，這些訊息就可以轉化爲個人或企業的外化核心知識庫。然後再通過 GPT 的轉換和生成，就可以產生可用的答案。而且，這個外化知識庫可以被移轉，也可以被整合。因此，在可預見的未來，善用 GPT 智能的企業組織，其智能發展將呈現指數式的增長，企業生產力的增長將更為迅速。

企業的知識不再屬於個人

從以上的推論來預期，GPT 智能工具在未來將成為組織建構核心知識能力的重要工具，核心知識能力累積的信息量增益曲線將變得越來越陡峭，以較少的心力投入，產出高信息量的結果，提升企業組織的效能，並加速企業組織的進化和演化。

透過 GPT 智能工具建構的企業核心知識能力，不會因人員的變動而有太大變化，所有人的核心知識庫都會變成公有的知識庫，人們只需去應用它並創造新知識，這些知識將成為企業新的核心知識能力的價值。如此一來，企業的價值就屬於企業，不再單屬於個人，而個人所形成的知識能力的影響力也將受到限制。

在未來，當一個員工要從企業離職時，由於企業已經將他工作過程中所累積的核心知識保留下來，因此他可以直接離開，甚至無需進行交接。如果離職的是一位資深且有能力的員工，他所留下的知識庫將會非常有價值，可以成為其他人工作時寶貴的智能資源。

企業的價值在於其核心知識庫

在未來，企業在進行併購時，衡量一家企業的價值將依賴於該企業組織其外化核心知識庫的智能價值，包含多少負熵存量總量，有多高的信息量增益，能解決多麼複雜的問題。而且企業的複製也將變得更容易，只需將其核心知識庫進行複製和移轉，並配合人主動的核心思維能力去做理解，這樣該企業就能被複製，也能被移轉。因此，GPT 所代表的意義遠不只是聊天機器人那麼簡單。

—— 25 ——

GPT 使企業的腳色從分工走向統合

GPT 使經濟系統從心智分工走向心智統合

在全球化的背景下，每個國家或個體都擁有自己的比較優勢，通過分工以提升生產效率是全球化的主要目標之一。

全球化分工實際上反映了一種心智分離的事實。例如，設計與製造的分離、銷售與生產的分離等。然而，隨著 GPT 的出現，人類的專業知識和經驗能夠被外化，並將各類智能集成於一體。這可能會導致企業或個人的比較優勢被 GPT 掩蓋或淡化，甚至消失，從而引發企業價値的弱化。

對於那些被 GPT 取代的人來說，因爲 GPT 在智能的廣度和深度上難以超越，他們無法僅靠提升自身智能來與 GPT 競爭。因此，他們必須轉變自己的角色，從被動的智能客體變爲主動的思維主體，主動利用 GPT 的智能，與原有的主體進行競爭，以保證自己的生存和價值。傳統的主客體合作關係轉變爲主體間的競爭關係，心智分工合作模式將向心智統合的競爭模式轉變。

舉例來說，過去美國可能利用其主動的市場開拓能力，有效運用台灣的被動生產力和智能，形成一種心智分工關係。但如果台灣在成品生產力的比較優勢被 GPT 取代，好比美國將 GPT 用於開發新的智能機器人用於自動化的生產與管理，在美國設計的商品也可以在美國生產，那麼原本以製造爲主的台灣就需要提升自身的思維能力，以主體角色更有效地運用 GPT 這種新型智能工具，自主進行市場開拓。對美國而言，若台灣提升了自身主體思維能力，並能自行完成設計、生產與銷售，美國也需要提高自己的專業與生產能力，利用 GPT 的智能生產新產品來進行競爭。如此一來，GPT 的出現將可能引起經濟分工模式向整合模式移轉的重大變革。

在這種情況下，培養和提升思維能力變得至關重要。當 GPT 的智能可被所有人使用時，每個主體的競爭力將在很大程度上取決於他們的核心思維能力。思維能力有高低之分，思維方法也有其有效與無效之別。因此，提升個人和組織的思維能力將成爲保持競爭力的關鍵。

核心思維能力主導企業未來的競爭

在未來的企業競爭中，企業的競爭力可能將不再完全依賴於其自身的專業知識能力。隨著企業核心知識能力的外化，每個產業的核心知識庫也可能會被外化，使得所有企業都能存取相同的專業知識資源。因此，決定企業競爭力的關鍵將轉變為如何利用這些關鍵資源來解決實際問題，這需要企業主體具備有效的核心思維能力。因而，企業的核心思維能力將成為未來企業競爭的核心要素。

企業的競爭力來源在於其核心知識庫信息量增益的高低。雖然企業可能擁有獨特的知識並將其外化為核心智能，但能否進一步提升這些核心知識能力仍取決於企業主體的思維能力。換言之，企業如何有效利用這個核心知識庫去解決實際問題，從而提升企業內在核心知識庫的能力，是其智能持續提升的關鍵。如果企業的核心思維能力不足，則處理問題的能力將受到限制，這將影響企業核心知識庫智能的提升，進而影響企業的競爭力。

—— 26 ——
新智能資本主義

人類智能與人工智能的競爭

在當今社會中，無論是個人爭取好的工作，還是企業在市場上的競爭，都需依賴於高的核心知識能力。一個人有好的職位，通常意味著他大腦智能中的信息量增益高於其他人，能夠在更短的時間內解決更複雜的問題。然而，當人們可以利用大數據資料和人工智能工具創建新的智能實體時，這些智能實體將與人的大腦智能形成新的競爭關係。

如果人工智能工具普及化，每個企業或組織都能根據自身的需求統整出新的智能實體，而這些智能實體的智能水平高於一般企業組織人的大腦智能，企業競爭的焦點將轉向企業與企業之間人工智能實體之間的智能競爭。

因此，當新的 GPT 人工智能能夠將大數據資料外化為智能時，這代表著一個新的智能競爭時代的來臨。人的大腦智能將面臨各種外化人工智能的競爭，這將使人類社會的倫理關係發生變化。過去社會倫理關係是基於人與人之間的互動，現在則需要考慮人與人工智能實體的倫理關係，甚至是人工智能實體之間的倫理關係。

新智能資本主義

資本主義的本質是財富資本集中以形成競爭力的思維。在人類未來的世界中，我們將面對智能資源集中，且由少數人壟斷智能的新智能資本主義時代。即那些擁有更高智能資源的個人或企業，將對缺乏智能資源的其他個人和企業形成不對等的競爭關係。擁有智能優勢的企業，越能夠應用其智能優勢累積更高的智能，然後用智能資本去累績更多的財富資本。之後財富資本再去累積智能資本，智能資本再去累積財富資本，形成智能資本與財富資本鎖定的新智能資本。

當一家企業利用人工智能工具，將其專業的大數據構建成高智能水平的智能實體時，這些智能實體將成爲企業在市場競爭中的重要資產，對其他競爭對手形成不對稱的競爭優勢。在這種情況下，沒有擁有大數據外化智能的企業將面臨生存壓力。

智能資本還涉及到大數據收集的規範問題。智能的來源在於數據，擁有數據意味著可以利用人工智能工具構建新的智能實體。因此，收集的數據成爲了一種資本，擁有數據收集平台的企業將擁有巨大的競爭優勢。例如，谷歌或 Facebook 這樣的公司可以通過其搜索平台或社交平台收集大量數據，然後積極發展人工智能工具，將這些數據轉化爲智能，用於商業行銷或智能服務等。

在資本過度集中的資本主義社會中，政府可以通過稅賦和社會福利政策來調節這種不平衡狀態。但在自由競爭市場中，當智能資本過度集中時，我們是否能通過政府管制和法律外在制約的手段來限制和調和不同智能實體之間的競爭關係，成爲這個人工智能時代需要深思的重要議題。

智能生產力的提升會造成裁員

人工智能對人類就業市場的影響是一個備受關注的話題。根據 CNBC、MarketWatch 等外媒報導，摩根士丹利分析師團隊預估，在未來數年內，人工智能技術對勞動市場的影響可能達到 4.1 兆美元，影響將達 44%的工作內容。這種影響包括改變輸入成本、實現任務自動化，以及改變企業獲取、處理和分析資料的方式。

摩根士丹利是最早將 GPT 人工智能應用於提升企業生產力的企業之一。他們已經將 GPT 應用於實際的投資業務中，並成功地提升了整體企業的生產力。摩根士丹利總裁關於人工智能對企業生產力影響的論述中，他預測，導入人工智能後，未來企業員工可能只需要工作三天，就能完成目前需要五天才能完成的工作量，這意味著人們將擁有更多的休閒時間。然而，這一理想預測是否能夠實現，仍有待觀察。

生產力的提升可爲企業創造更多利潤，從而使員工獲得更多的金錢財富，並可能減少工作時間。然而，如果其他競爭企業也採用類似策略，讓人工智能提高了他們的訊息處理效率和生產力，這種競爭可能導致企業利潤的減少。在這種情況下，企業爲了維持盈利能力，可能會選擇裁員，而不是減少員工的工作天數。依據資本主義市場競爭的思維方式，提高生產力導致減少工作天數的期望似乎不太合理。相反地，提高工作效率往往會導致裁員，這是更爲合理的推測，是新智能資本主義下可能造成的影響。

創生是人擺脫智能資本制約的方法

智能外化是人工智能時代的特徵，爲了適應這種狀態，人的思維模式也必須發生變化，需要每個人的個體都需要發揮自己的主體性，用人的主動思維去掌握外化被動的智能。這是智能資本主義的環境下，人所需要採取的適應方法。當每一個人都能養成主體的思維能力，就能運用社會集體的力量來應對這種新智能資本的狀況。

在新智能資本主義的時代下，人不能再將人工智能僅僅看作是一種非生命的工具，當其被人所使用，必須將其視爲一種有機的生命體，是能持續做智能增長的智能實體。只有這樣，才能去適應新的智能競爭的時代。

人工智能的功能主要在於降低訊息處理的智能阻抗，從大資料中提取信息。而人工智能所實現的智能功能是有其限制的，它本身並不具備創生新信息的能力。相比之下，人的心智能力在於創生，如果人不能創生新的信息，其存在的智能將固定不變。在這種情況下，人無法對現有的智能進行超越，且其外在的行爲模式也容易被外在大數據外化的人工智能所掌控和制約。

爲了突破人工智能的限制，人必須具備高效的問題處理能力，需要展現其創生的本質，不斷地構建新知識，創生新的實體功能。讓這些新知識和新功能可以超越現有的智能，而且不容易被競爭對手的智能掌握，從而不會受到其所制約。此外，人們還必須利用所擁有或開放的人工智能工具來增強其創生能力，將這些工具視爲輔助工具，而不是限制這些工具的使用，以保持自身的創造性和獨特性。這將有助於人在智能競爭的時代中擺脫智能資本的制約。

27
馬克思的幽靈，GPT 引爆資本主義消亡論

馬克思資本主義消亡論

馬克思在《資本論》中說到。只有勞動才能創造價値，社會上的一切財富都是由勞動創造的。那麼既然財富是由勞動者創造的，但是爲什麼勞動者會這麼窮，而資本家又這麼富有呢？就是因爲資本家過多的剝削了工人創造的財富。

由於占社會絕大多數的勞動者創造的財富，被資本家過多的佔有，導致這些人的消費能力越來越低，資本家工廠的產品開始變得越來越難賣出去，然後工廠開始大批量裁員，導致社會消費進一步降低，然後大批工廠倒閉，資本家破產，社會嚴重動盪，經濟危機爆發，社會一切財富歸零！

這是馬克思對資本主義消亡論的論述。

資本主義的財富正回饋調控迴路

供給的目的在於獲取金錢補償，而資本主義市場調控的目的則在於驅使財富持續增長，讓每個人都能獲得更多的財富，並進而進行更多的消費。在消費過程中，人們從商品取得效用並感到快幸福，消費者的幸福來自於增加的財富。

資本主義的基石是供給理性的思維，這個思維推動了一個致力於經濟增長和增加財富的市場正回饋迴路。這個迴路由供給的生產力路徑以及需求消費的正回饋路徑所組成，當路徑迴路的增益大於一，就能使經濟和財富持續的增長。

如果要維持這個迴路的增長，不斷的有財富收益，而且逐漸的增加，那麼它就是要鼓勵消費，而消費者消費的前提是要有收入，也就是供給端要分配一部分的利潤給需求端，讓需求端的消費者有多的財富去做消費。需求端的消費越多，供給端的供給的就越多，就能夠創造更多供給端的財富，那麼就有更多的財富可以分配給需求端的消費者，讓他們去做更多的消費，形成一個正向經濟和財富增長的循環，而這就是資本主義市場的調控迴路。

如果供給所創造出來的財富回饋給需求端的消費者少，就表示需求消費端所獲得的收入少，收入少，消費的就少，回饋路徑的增益低；消費少，供給就少，那麼供給所創造的財富就變少；而財富變少，那麼它回饋給需求的收入就變更少了，使得消費更少，供給更少，就變成是一個負向增長的循環。

正回饋是一種不穩定的系統，而這種不穩定所代表的意涵是，它不是變的更好就是變得更差。因此，如果要讓這個迴路維持在增長的狀態，那麼它就需要經過很多的調控方式，好比說調整貸款利率，或是貨幣供給，或是稅賦高低，或是做最低薪資的立法，提供社會福利等等，這些都是在調控資本主義市場迴路增益以維持經濟增長的方式。而知識的創新，也是藉由提高供給生產力增益的一種調節方式。由於正回饋迴路是一個不穩定的系統，因此需要調控才能維持迴路的增益，維持經濟和財富的增長。

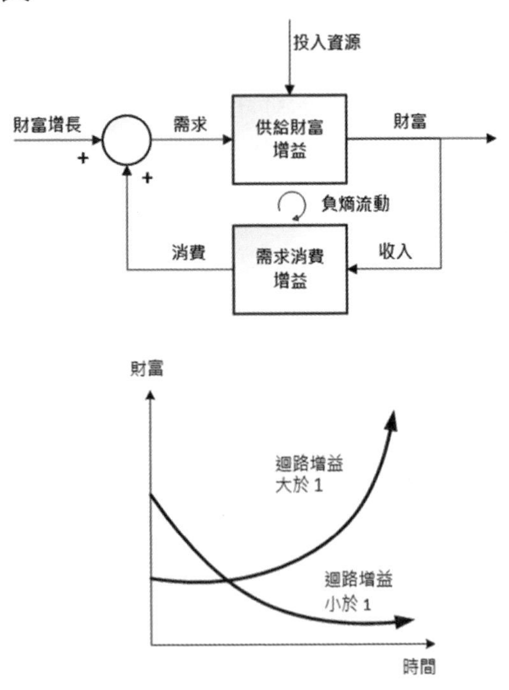

圖 48，供給理性的供需迴路圖

資本主義是一個不穩定的系統

資本主義的核心理念是財富的增長，利用資本來創造財富。一旦經濟市場的財富增長進入了負向循環，財富不再增長，那麼資本主義市場就會崩潰。馬克思早在以前就已經認識到資本主義市場的這種正向反饋迴路的不穩定特性。

馬克思主張，資本主義最終將會消亡，這一觀點源於他認爲資本家過度剝削勞動者的剩餘價值，勞動者的收入少，消費不足，導致經濟市場財富增長正的迴路增益小於一，從而引發資本主義市場的崩潰。而當市場認識到這種情況時，就可引入社會主義的策略，如減少工時，提高工人福利和工資等，促進消費，只要能夠讓財富循環的增益大於一，並保持財富的正向增長，那麼這個經濟系統正反饋迴路負向增長的不穩定問題就得到了解決。

GPT 提高的生產力會引發資本主義經濟系統的不穩定

另外，當市場供給過度競爭，也會造成資本主義迴路增長的不穩定結果。就是當企業因爲技術創新而使得生產力大幅提高，以至於他所雇傭的人員越來越少，造成很多的勞工的失業，那麼市場消費能力就會逐漸降低，市場需求的反饋增益變小。而且因爲企業生產力的大幅的提高，加速了整體企業之間的競爭。而競爭的結果，將使企業的利潤下降，那麼他的員工所取得的報酬就會減少，整體的消費能力會降低。企業創造的財富變少，員工的收入變少，失業的人數變多，那麼就會導致整個經濟市場創造財富的增益越來越小，沒有辦法再創造財富，這是資本主義市場的崩潰。

而 GPT 智能工具的發展，會對應到上述的狀況。當很多的企業都藉由 GPT 的智能技術大幅提升他們的生產力。而生產力大幅提高後所造成生產力過剩的狀態會導致兩種情況，一種是失業的增加，一種是企業利潤的減少。如果這兩種狀態如果同時發生，那麼就會加速整個經濟系統負向增長的不穩定。而且因爲企業的利潤減少，那麼企業繳給政府的稅賦就會變低，就會使得整體政府的稅收變少，政府所能夠提供的社會福利就會降低，使得失業的人就更得不到照顧。

因此在 GPT 生產力大幅提升的狀態，如果沒有辦法找到對應的策略，那麼可以預期將來，整個社會系統或者是市場經濟系統將產生極度不穩定的狀態，而造成國家經濟和社會的危機。

GPT 可能破壞市場迴路的正向增長

讓我們以台積電做爲例子，進一步思考上述的觀點。台積電之所以能夠維持高利潤的經營策略，是因爲其核心知識庫擁有高信息量增益的經驗曲線，使得它能夠生產低成本而且高價值晶片，在市場上保持獨佔地位，從而獲取最高的利潤。

然而，如果出現競爭企業利用 GPT 工具不斷提升其核心知識庫信息量增益，讓其具有和台積電同樣的高增益的經驗曲線，進而形成競爭對手，台積電的市場獨占地位就可能會被破壞，就不能再維持高利潤的定價，利潤會大幅下降。這樣一來，台積電可能無法繼續投入高資本支出做新技術研發，進而降低其生產力，進一步惡化利潤。若此情況發生，考慮到台積電在台灣經濟中的重要性，一旦其失去市場競爭力，將對台灣整體經濟發展產生重大影響。

為了維持競爭力並產生足夠的利潤，台積電必須保持其競爭力的超越性。然而，一旦像 GPT 這樣通用人工智能技術的出現，就會成爲破壞企業生產力的不穩定因素，進而改變整個產業競爭的現狀。

當企業因使用 GPT 而使得其生產力迅速提升，但如果這種生產力的提升不是被某些企業所獨佔，就會讓整個市場上所有企業競爭力都獲得提升，進而加速整個產業的競爭狀態，從而使企業整體的利潤下降。如此，因爲 GPT 技術發展所可能發的蝴蝶效應是不可預期的，將有可能產生經濟系統不穩定的危機。

生產力的提升會引發資本主義市場的不穩定

資本主義的供給思維所帶來的整體經濟系統的脆弱性，表現在許多方面。例如，在應對碳排放問題上，企業可能需要大量的資本投資以實現碳中和目標，導致它必須付出更多的代價才能生產與過去相同品質的商品。這導致生產成本的提高，生產力相對的下降，進而影響企業的利潤。利潤減少的結果是企業能夠提供給員工的薪資減少，福利減少，導致員工和消費者的消費能力降低。這將進一步導致需求的減少，從而引起經濟不景氣，形成另一種經濟系統不穩定的狀態。

碳中和技術的發展會促成碳中和產業的發展，但是這一部分的利潤會被少部分的企業所寡占，而碳中和所增加的成本卻會擴及到所有消費者的身上，需求的反饋增益變小，所以依然會造成資本主義市場經濟增長的不穩定。

要解決碳中和對經濟發展的影響，必須找到方法突破這種限制。但是如果碳中和政策已經成爲全球共識，經濟發展與碳中和就會產生矛盾，彼此互相成爲限制條件。除非能夠在更高層次上兼顧碳中和與經濟發展的概念，否則碳中和對經濟市場增長造成的不穩定是難以避免的。

供給理性市場正向回饋不穩定，需要有不斷的人爲調控

而這些例子只是在說明，以資本主義供給思維爲導向的經濟系統存在不穩定的動力特性，它必須經過外在調控的方式才能夠去維持這個經濟系統財富增長的穩定，因此大政府是資本主義市場的特性。

而且這種穩定性調控的前提是以無限資源供給的前提之下才能夠去達到的目標，一旦經濟發展所需資源的來源產生問題的時候，以供給理性爲前提的經濟系統也會產生極度不穩定的狀況。

理性需求市場的調節迴路

在問題處理系統的結構上，存在兩種思維方式：供給理性和需求理性。在資本主義市場中，主導的是供給理性的思維，以供給效率爲優先，用商品供給來引導消費需求。這種系統本質上是不穩定的。爲了轉變這種不穩定的市場特性，使市場具有自然穩定的動力特性，我們引入需求理性的思維，透過需求來調節供給。

供給理性和需求理性的市場調控機制有所不同。供給理性的調控回路，即資本主義的調控迴路，是一種正反饋的調節機制，其目的在於財富的增長。而需求理性的調控回路，其目的則在於實現社會秩序的穩定，是一種負反饋的調節機制，供需互相調節，能夠自動維持設定目標秩序度的穩定。。

根據熱力學第二定律，隨時間推移，封閉系統的秩序度會逐漸散失。因此社會系統需要從供給的商品獲取有用的負熵存量來維持其系統的秩序度，以確保社會功能的正常運作。從商品獲得有用的負熵存量稱爲效用，社會系統需要用效用來建立其系統的秩序度。與供給理性迴路財富增長的目標不同，需求理性調控的目標在於確保消費取得效用流量的恆定，以提供能確保社會系統秩序恆定或秩序增長所需的效用流量。

在需求理性的調節迴路中，商品供給的目的在於產生負熵存量。這個負熵存量能產生多少效用，取決於反饋迴路消費者的需求能力能從供給的商品中提取多少有用的負熵存量，即效用，用以建構或維持社會系統的秩序度。

因此，需求理性不僅要求供給有最大負熵存量的輸出，也就是以較少的資源生產高負熵存量的商品，還要求有高的需求效用反饋增益，盡量從商品中獲取有用的負熵存量。社會系統的秩序建構有一定的效用需求，如果能從商品的負熵存量中獲得更多效用，則無需過多商品負熵存量供給即可維持社會系統的秩序度，從而降低供給商品的產出，減少對外部資源的消耗。

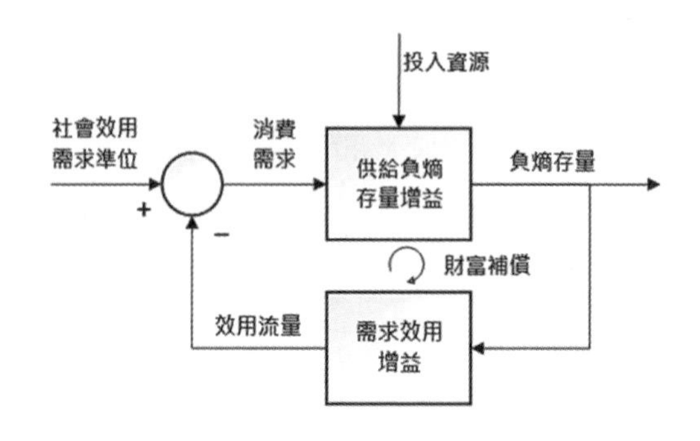

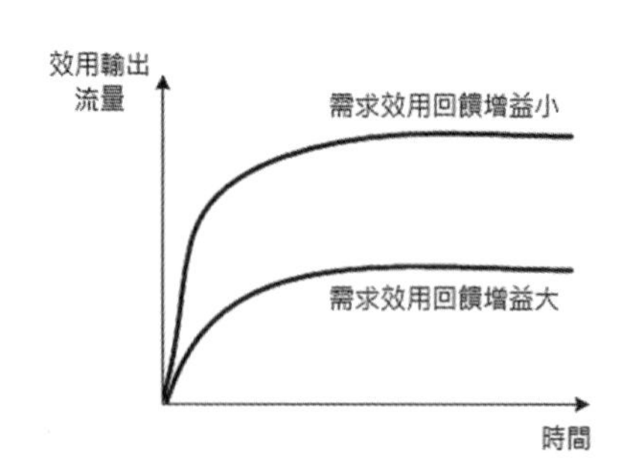

圖 49，需求理性的供需迴路圖

需求的反饋增益不僅是一種主觀的需求，也是主觀的需求能力。一方面，使用者要有需求才會消費；另一方面，他必須有能力從供給商品中提取有用的負熵存量，以獲得秩序建構的效用。

需求是一種想像，而供給是一種實體的存在。因此，供需之間的關係就是虛實之間的心物關係。要從供給實體中獲得效用，就需要有解構實體作用的需求能力。當需求能力越強，取得的效用越大，調節迴路的反饋增益就會變大。當需求的回饋增益變大時，就可以讓供給負熵存量的輸出變小。

而當系統的資源不足，能夠給供給端建構負熵存量的資源有限，這時要維持輸出效用流量的恆定有兩種調控方式。一種是提高需求反饋路徑的增益，在提取相同效用的情況下，允許供給端有較少負熵存量的輸出，以減少供給資源的消耗。另外一種方式，是調整供給路徑的增益。在資源供給量保持或變少的情況下，提高供給路徑負熵存量的輸出，讓迴路的增益維持恆定，以保持效用流量的一定。

當新技術促成生產力的增長，供給效率佳；消費者有好的生活品味，需求能力高；有可再生的能源供給，資源使用效率佳。這些改變都讓我們更有機會對輸出的效用流量進行調整和優化。這樣的調整不僅可以增強社會和經濟結構的有序性，從而提升大眾的生活品質，還能使整個經濟系統對資源的使用更有效率。這種高度有序的經濟環境將對社會的可持續發展產生積極影響。

通過提高資源的使用效率，用較少的商品資源建立較大的秩序程度，我們就不需要進行過多的生產，也不會產生大量碳排放的需求，從而自動達到碳中和的要求，同時整體社會的秩序程度仍能提升。然而，要實現這樣的目標，需要經濟發展概念上的轉變，從個人財富增長的概念轉變爲社會秩序維護與增長的概念，從供給理性轉變爲需求理性。

儘管需求理性的概念可能會限制財富的增長，但人類經濟發展的目的是爲了維持社會的穩定和整體秩序程度的提升，而非僅僅追求個人財富的增加。因此，如果能夠用社會系統秩序維持的需求理性概念取代經濟系統財富增長的供給理性概念，就能夠解決 GPT 與碳中和等所造成經濟系統不穩定的問題。

供給理性和需求理性調控策略的差異

供給理性和需求理性策略的分歧源於目標的不同。在需求理性思維中，經濟目的在於追求個人的生存和幸福，而財富僅是實現這一目標的手段。與此不同，在供給理性思維中，個人的幸福和生存通常被視爲追求財富的結果，因此財富的獲得成爲首要目標。

從需求理性的角度來看，個人的生存和幸福主要源於有效的訊息處理和秩序建立。因此，培養需求能力，使之能取得最大的效用，就是需求理性的策略和方法，而財富只是這一過程中的手段，並不是主要目標。

對供給理性來說，生存和幸福也是其最終目標，但由於它將追求財富視為目的，導致經濟系統的不穩定，因此需要進行調控以維持財富增長的穩定性，並間接達到生存和幸福的目標。

對於需求理性的人來說，供給的目的實際上是為了滿足需求。他們追求社會秩序目標的結果其實就是對經濟系統進行調控。當供給不足時，他們會儘可能從現有資源中取得最大效用；當資源充裕時，他們可以提升自己的生活品質；當供給效率不佳時，他們也會儘可能提升商品產生負熵存量的效率。他們從需求出發，只會在真正有需求的時候進行消費，會創造出真正有需求的商品，而不會浪費資源。這些目標的實現都在調控整個經濟系統的效用產出，讓整個經濟系統所產生的效用能維持社會的穩定和秩序，以確保個人的生存和幸福。

對於供給理性而言，其目標是推動經濟成長，以累積更多的財富。相反地，對於需求理性來說，個體的福祉和維護社會系統的穩定性才是他們首要追求的目標。供給理性強調供給驅動需求，由供給的商品引領消費者的需求。然而在需求理性的觀點下，消費行為由需求主導，進而驅動商品的供給。

供給理性追求最大財富，在市場完全自由時可能導致極端不平等，引發社會問題或經濟衰退。因此，需要政府介入調節，如調整利率、稅收和社會福利，即大政府概念。

相對地，需求理性認為應由需求者或消費者主導市場，無需政府干預，形成真正自由市場。在這市場觀念中，市場將由消費者自我調節，維持市場的穩定，符合小政府的理念。

GPT 在需求理性的市場是穩定的

GPT 的出現代表了供給理性的思維，但要使其產生眞正的效益，需通過需求理性的考量。從需求理性調節迴路來看，GPT 可視爲供給迴路的增益。若 GPT 能使供給迴路的負熵存量增益大幅提升，則意味著能用較少資源產生較大負熵存量。使得在資源供應固定的情況下，可以創造更大效用流量，進而建立經濟系統更高的秩序度。因此，從需求理性觀點來看，GPT 對經濟發展或個人幸福都提供了巨大助益。

然而，從供應理性角度來看，GPT 生產力提高所導致的企業利潤下降，使得供給財富增益降低可能成爲經濟系統不穩定的危機來源。若未妥善控制，可能對社會造成重大傷害。因此，當思維的理性不一樣的時候，GPT 到底是一種危機還是一種機會，所得到的結論就會不同。

GPT 供給造成的失業問題要從需求理性來解決

爲解決 GPT 可能引起的失業問題，我們應從供給理性轉向需求理性。在傳統供給驅動的經濟中，工作機會主要依賴於供給。但隨著 GPT 提高生產力，對人力的需求減少，純粹從供給角度創造工作變得越來越困難。因此，面對供給導向的失業問題，應通過需求理性的導向來解決。

隨著 GPT 提升生產力，人們將擁有更多的空閒時間。這些額外時間可用於培養興趣，提升生活品質。生活品質提升將帶來新的需求，進而產生更多供給和工作機會。因此，生產力的提升應被視爲提高就業和生活品質的機會。

需求理性是秩序的維持，供給理性是財富的增長

供給理性是資本主義的核心思維，對生產力的變化極爲敏感。然而，隨著 GPT 人工智能的發展成爲一個不可避免且不可阻擋的趨勢，其對生產力的影響尤爲顯著。這種趨勢可能對人類社會產生負面的影響，同時也提供了一個絕佳機會，促使我們重新思考經濟發展的眞正目的。

當前的這個轉折點提供了一個契機，讓我們從資本主義的供給理性導向思維，轉變爲更加關注秩序和人本的需求理性經濟模式。這種轉變不僅是解決當前面臨的氣候變化、貧富差距和資源短缺等問題的關鍵，也是達成地球永續發展目標的必要步驟。

因此，這個危機也可以視爲一個轉機。如果我們能夠把握這個機會，推動人類思維和行爲的轉變，那麼這次危機對人類而言可能不全是壞事，反而可能會引導我們邁向一個更加永續的未來。

結語

結語

在《理性之夢》一書中，作者斐傑斯預見到一種全新的科學視野：「心與物的界限將隨著複雜科學的興起而消弭……這將會引領科學的新整合體，以及全新的文明與文化世界觀的誕生。我相信那些率先掌握這種新科學的國家和人民，將會在下一世紀的經濟、文化和政治舞台上成爲超級強權。」

GPT 人工智能的出現，似乎預示著這個時代的提早到來。展望未來，只有那些掌握了心智與心物關係知識的個體或組織，才能在人工智能時代中脫穎而出。

GPT 擁有強大的知識庫智能，它作用的目的在於改變人類的現狀，讓人的生活變得更好、更幸福。然而，幸福是一種秩序的建構，只有心物的統合才能建立秩序。若僅有物質而無心靈，或只有心靈而無物質，都無法眞正改變這個世界。GPT 的人工智能是物質實體，若要改變這個世界，就必須與人意識心靈的核心思維能力做心物的統合，這樣才能推動世界的變革與發展。否則，即使 GPT 的智能再強大，如果人的思維能力不足，對於這個世界的進步也無法帶來太大的幫助。

我們目前對於 GPT 的存在感到困惑，這是因爲我們的意識心靈的思維能力無法掌控這個物質實體的 GPT 智能，這種心物不平衡的矛盾狀態讓我們感到迷惘。因此，在這個 GPT 人工智能的時代中，心智的融合顯得尤爲重要。提升人的核心思維能力，有效運用 GPT 智能，才是讓生產力大幅提升的關鍵。

訊息引擎原理是人工智能的第一性原理

人工智能的第一性原理，是在探究人工智能存在最基本的原理。智能是一種作用，而人工表示這個作用是由人創造而來。因此這人工智能的第一性原理，就是在探究智能是什麼，智能如何而來，以及智能如何產生作用的基本原理。

從所推論廣義的智能定義，智能是讓訊息狀態產生改變的作用。椅子是由人所創生，而它也能產生訊息狀態移轉的作用，讓人從站著的訊息狀態，轉換到坐著的訊息狀態，所以廣義來說，椅子也是一種人工智能。當然，一般來說，我們不會將椅子當作人工智能，而這只是在強調，智能是一種概念，不同的智能有不同的實現方式。基於智能的概念，GPT 只是一種智能實現的方式，因此不能把 GPT 智能實現的技術原理當作是人工智能的第一性原理。同理，在未來，當量子電腦也可實現人工智能時，那實現量子電腦的技術原理也不能當作是人工智能的第一性原理。

智能的作用是讓訊息的狀態產生轉換，因此能導入智能，讓訊息狀態發生改變的訊息引擎作用機制，是人工智能的第一性原理。而智能來源的負熵存量是來自於訊息引擎循環的結果，因此能生成負熵存量的訊息引擎的運作原理是人工智能的第一性原理。

總結來說，訊息引擎理論是智能作用和智能建構這兩種原理的抽象存在，是人工智能的第一性原理。

第一性原理的心物關係對人工智能的影響

訊息引擎的作用是心物的統合，單一的智能無法產生訊息狀態轉換和秩序建構的作用。人是操作智能的心靈存在，因此我們對於人工智能對社會的影響必須從人的角度出發，而非僅僅關注於人工智能本身。對於人工智能的規範和立法，如果忽視了人的角色，那麼就陷入了一種科技主義的思維，錯誤地認爲僅靠科技就能解決人類所面臨的問題。事實上，了解人與人工智能之間的關係，才是解決人與人工智能之間矛盾問題的關鍵。

人工智能的第一性原理涉及人如何導入智能、如何產生智能，以及如何在處理問題過程中人與智能的互動。因此，要探討人工智能對人類世界的影響，我們必須從人的視角來看待這個問題，這是一個心物統合的過程。訊息引擎是這種心物結構的體現，它源於意識和智能之間的關係。從這樣的視角出發，我們才能更好地預測和引導人工智能的發展，確保人工智能爲人所用，而不是成爲一種災難性的後果。

因此，我們對於人工智能的討論，應該基於第一性原理，從心物統合的角度來探討人工智能所帶來的問題和挑戰。

認清人的角色，解除人工智能的威脅

對人工智能存在價值的討論，我們必須認識到，現階段的人工智能並沒有主動創生的能力，它的智能來源，主要是其降低原始大數據資料的智能阻抗，讓數據資料中的信息容易被取得。而眞正能夠創造有價值信息的是人。因爲人擁有心靈主動的創生能力，能夠創生新知識，解決新問題，產生新的信息數據，進而提升人工智能知識庫的智能程度。因此，人與人工智能之間的關係應是一種協同合作的關係，一種主客互動的模式。

人工智能無法取代人的角色，但可以成爲人的有用工具。因此基本上，不存在人工智能取代人的問題，因爲人工智能必須依賴於人的存在。只有人會提問；只有人能夠創造新知識，促進智能的增長；只有人能夠利用人工智能來解決問題。因此，人是引導人工智能產生作用的主導者。

只有當人將自己視爲被動的角色，失去了主動創生的能力，僅僅在服從他人的指令時，人與人工智能才處於相同的位階，這時人才會感受到來自人工智能的威脅，甚至被人工智能所取代。因此，在人工智能的時代，提升自己成爲主體，擁有主動思維的能力，就變得極爲關鍵和重要。

未來的世界將屬於具備核心思維能力的人

GPT 的核心知識庫就像是在人類大腦之外建立了另一個

知識庫，其知識的豐富度甚至超越了人腦內化的知識。每個人都能存取這個知識庫，因此在使用層面上，每個人的地位是平等的，但在其應用能力上卻可能存在差異。應用得當，智能取用效率高；應用不當，智能取用效率則低。

當 GPT 被理解爲一項技術和工具時，它成爲了一種有效的關鍵資源。然而，這項關鍵資源的發揮作用仍然取決於人類主體的核心思維能力，即是否能將這項資源有效應用於提升外在物質實體和內在心靈實體的秩序程度。

關鍵資源的存在是客觀的，但對人的效用則是主觀的，這種主觀的效用源於人的核心思維能力、核心知識能力和核心需求能力。GPT 能夠協助人實現學以致用的目標，但實現這一目標仍需依賴人的主動思維能力。

在過去的社會中，表現優異的學生往往來自於資源豐富的家庭背景。但在 GPT 人工智能時代，這一狀況可能不再適用。未來的競爭關鍵將取決於個體，是否能培養出有效的核心思維能力，利用 GPT 的工具，做有效知識的學習。同樣的，能有效利用 GPT 人工智能工具的個體將成爲未來的贏家。這一原則不僅適用於個人，對企業、組織和國家也同樣適用。

核心思維能力的養成需要以「學以成人」爲指導，通過學習使自己成爲一個完整的個體，具備主動思維能力和理性判斷能力，方能掌握人工智能技術的發展。

GPT 改變企業競爭的形態

企業成功的關鍵，在於其擁有高效的核心知識庫增益，能以較少的資源建構出大規模的秩序，帶來低成本、市場獨佔及利潤控制等優勢，從而主導市場。

然而，GPT 技術的出現有可能改變這種競爭局面。對於企業而言，在未來的市場競爭中，當 GPT 所外化的核心知識庫成爲共享的關鍵資源，企業的競爭力將取決於如何有效地運用這些關鍵資源，以提升企業內部的核心知識能力增益。只有當企業擁有高增益的核心知識庫，才能以更少的資源建構出更大的外部實體秩序度，進一步提升企業生產力的效能。

未來，許多市場的領導企業都將面臨相同的挑戰。當競爭對手擁有強大的核心思維能力，而 GPT 的智能工具使得核心知識資料可以被外化，其產生的知識庫智能資源可以被組織內所有個體共享時，那麼擁有高效核心思維能力的組織成員就能利用這些知識庫的智能資源，建構出更有能力的組織，從而改變市場競爭的格局。因此，在未來的世界中，擁有高效核心思維能力的企業將走在市場的前端。

人工智能世代當主人

我們正處於一個變化劇烈且充滿挑戰的時代，但這些挑戰也意味著機遇，關鍵在於我們如何看待和把握它們。在新的人工智能時代，將會出現贏家和輸家。這取決於個體如何運用其核心思維能力來適應這個時代的變遷，引領這一時代的發展，成爲人工智能時代的主導者，當人工智能世代的主人。

國家圖書館出版品預行編目資料

人工智能的第一性原理：熵與訊息引擎／周輝龍著. --初版.-- 臺北市：大腦心智作業系統有限公司，2024.05
面； 公分
ISBN 978-626-98439-0-9 (平裝)

1.CST: 人工智慧 2.CST: 機器學習
312.83 113002883

人工智能的第一性原理
熵與訊息引擎

作　　者　周輝龍
校　　對　周輝龍
發 行 人　周輝龍
出版發行　大腦心智作業系統有限公司
114016 台北市內湖區大湖山莊街173巷5號2樓
出版專線：（02）2791-6777
設計編印　白象文化事業有限公司
專案主編：李婕　　經紀人：張輝潭
經銷代理　白象文化事業有限公司
412台中市大里區科技路1號8樓之2（台中軟體園區）
出版專線：（04）2496-5995　　傳真：（04）2496-9901
401台中市東區和平街228巷44號（經銷部）
購書專線：（04）2220-8589　　傳真：（04）2220-8505
初版一刷　2024 年 5 月
定　　價　420 元